いちばんよくわかる！
金魚の
飼い方・暮らし方

JN026853

成美堂出版

楽しいね！
金魚のいる暮らし

体形やサイズが同じくらいの金魚は、同じ水槽で飼育するのに適しています。

色とりどりの美しい金魚たち。
ながめているだけで気持ちがなごむ、
金魚との生活を始めてみませんか？

大きめの水槽で、水草をバックにゆったり泳ぐ小型の金魚たち。見ているだけで癒やされます。

泳ぐ姿を楽しもう

好みの石や水草を組み合わせて、水槽をクリエイト。
気持ちよさそうに金魚が泳ぐ姿を愛でましょう。

60㎝の大型水槽は、広くて見ごたえがあります。
重さがあり、水換えなどの手間もかかるので
飼育に慣れた人におすすめ。

直径18㎝のボウル型水槽は、
デスクに置けるくらい
コンパクト。

ランチュウが尾ビレを振りながら泳ぐ姿を上見で堪能しよう。

上から金魚を
ながめてみる

金魚はもともと、
上から観賞する魚でした。
ランチュウなどが泳ぐ姿は、
上から見た美しさが格別です。

目が上を向いている頂天眼は、
どことなくユーモラス。

水泡眼の両目の下の
大きなふくらみは、
上見でよく観賞できる。

姿かたち、個性いろいろ

金魚は色、形、大きさなど、
バリエーション豊富。
あなたが好きなのは、
どんなタイプ？

好みの品種を探すのも、金魚と暮らす楽しみの一つ。

和金
【わきん】

和金は日本の金魚の原型。
フナに似た横長の体形が
特徴です。

→更紗模様（赤と白の組み合わせ）で
三つ尾タイプの和金（➡ p.35）。

コメット
【こめっと】

英語で「彗星」を意味する
コメット。ほうき星のように
伸びたヒレが優雅。

←更紗模様のコメット（➡ p.38）。
活発なので大きめの水槽向きです。

琉金
【りゅうきん】

短く詰まった体と長いヒレ、
背中の盛り上がりが特徴です。

→「紅葉琉金」と呼ばれる、鮮やかな
色合いの琉金（➡ p.56）。

オランダ獅子頭
【おらんだししがしら】

頭部の立派な肉瘤と、
華やかな尾ビレが印象的。

←頭部に加えて、目やエラのまわりも肉瘤で
盛り上がっている個体（➡ p.69）。

ランチュウ
【らんちゅう】

背ビレがなく、丸みのあるボディ。
「金魚の王様」ともいわれます。

→更紗模様のランチュウ（➡ p.83）。ランチュウは
古くから愛好家が多く、各地で品評会も。

パールスケール
【ぱーるすけーる】

真珠のように丸く膨らんだ鱗、
丸い体が特徴。

←中国原産の「珍珠鱗」。体の側面も
大きく膨らんでいます（➡ p.99）。

・

金魚との暮らしは、
わくわくがいっぱい！

　金魚が日本に伝わったのは、約500年前の室町時代といわれています。庶民の間に広まったのは江戸時代。それ以降、現代にいたるまで、私たちは金魚となかよく暮らしてきました。

　金魚は夏の風物詩としても人気者。お祭りの金魚すくいで金魚を家族に迎えた人も多いでしょう。

　金魚には多くの品種があり、金魚ファンはたくさんいます。家族の一員として金魚をかわいがる人から、自分で繁殖をして品評会に出品する人など、楽しみ方は人それぞれです。

　本書では、そんなかわいい金魚たちと楽しく暮らすポイントをまとめてあります。これから金魚を飼う人も、すでに金魚を飼っている人も、読んで、見て、楽しめる内容です。

　さあ、みなさんも金魚がいる素敵な生活を始めてみませんか。

いちばんよくわかる！
金魚の飼い方・暮らし方

もくじ

楽しいね！ 金魚のいる暮らし

Part 1 金魚の種類とその特徴

9

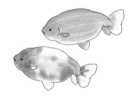

Part 2 金魚の飼育の基本を知っておこう

Part 3 水槽セッティングと飼育グッズ

Part 4 お世話と水槽メンテナンス

Part 5 かわいい金魚を増やしてみよう

Part 6 健康管理と病気の対処法

Part 1

金魚の種類と
その特徴

飼いやすくて、かわいくて、美しい！
金魚の**3**つの魅力

金魚は古くから日本人に親しまれてきた観賞魚です。
おうちに金魚がいると、その愛らしい姿に癒やされ、
心豊かになれます。
金魚がいる暮らしを、あなたも始めてみませんか？

魅力 **1**

優雅に泳ぐ姿は
見ているだけで癒やされる

金魚は長い年月をかけて、観賞魚として品種改良されてきた魚。長いヒレをたなびかせながら優雅に泳いでいたり、丸くてかわいい体つきで水槽の中でのんびりしていたりと、品種によっていろいろな姿を見せてくれます。

また水槽の中に水草などを入れて、レイアウトを楽しむことができるのも、金魚を飼う楽しみの一つです。

水槽のレイアウトは Part 3 ➡ 124 ページ

水槽は金魚のおうち。快適な環境になるように、
準備してあげましょう。

個性豊かな金魚の品種

和金型の中でも、長い尾ビレを揺らしながら泳ぐ姿が美しいコメット。

「金魚の王様」と称されるランチュウは、上から見る"上見"で楽しむのに適しています。

赤、黒、藍の3色が混ざったキャリコ模様の琉金。複雑な色合いがとても美しい。

金魚は上から見るのもおすすめ。品種によって違うヒレの形や模様が楽しめます。

魅力 3

お世話が難しくなく、だれでも気軽に飼える

金魚は小さな子どもから高齢者の方まで、どんな人でも飼いやすく、難しいお世話は必要ありません。飼う金魚の大きさや数に適したサイズの水槽を準備して、金魚にとって快適な水質、水温の飼育水を中に入れ、あとは必要なグッズをセットすれば金魚のおうちができあがります。

一日のお世話は、ライトのオンオフやエサやりがメインで、あとは金魚の様子をよく見てあげることが大事。日中仕事や学校などで留守がちな人でも、朝や夕方、夜にお世話を無理なくできます。

金魚のお世話については Part 4 ➡ 172ページ

魅力 2

品種が豊富なので、選ぶ楽しみがある

金魚にはじつに多くの品種があります。この本で紹介しているのは約40種ですが、色や模様のバリエーションが多いので、どの金魚を飼おうかと考えているだけでも楽しくなってきます。

品種は大まかに5つのグループに分かれます。祖先のフナに似た細身の体形をした和金型、長いヒレが美しい琉金型。盛り上がった頭が特徴的で色や模様が豊富なオランダ獅子頭型、背ビレがなく丸みのある体が愛らしいランチュウ型、そして真珠のような鱗を持つパールスケール型と、それぞれ個性があります。

この本では5つのグループごとに品種を紹介しているので参考にして、お気に入りの金魚を選んでくださいね。

金魚の品種については Part1 ➡ 34ページ

かわいい

観賞魚として 長い歴史を持つ金魚

金魚が日本にやってきたのは約500年前

中国で1500年以上前に誕生

金魚は野生の魚類ではありません。今から約1500年以上前に、中国で野生のフナからの突然変異によって出てきたヒブナを原種として、作られたといわれています。

その後、10世紀後半からの宋時代には、本格的に飼育や品種改良が行われるようになりました。初期には金魚は池で飼われていたそうですが、13〜16世紀にかけて次第に陶製の鉢や水槽で飼う飼育法がさかんになり、観賞魚として普及していきました。

室町時代末期に日本に入ってきた

中国から日本に金魚が入ってきたのは、約500年前の室町時代末期とされています。1502（文亀2）年に大阪の堺港に金魚が初めて到着したという記録があります。

当初、金魚は武家や上流階級だけの高級なペットとされ、一般庶民には手の届かない存在でした。しかし、江戸時代に入ると金魚の養殖技術が広まり、金魚は庶民にとっても、身近な生き物となっていきました。

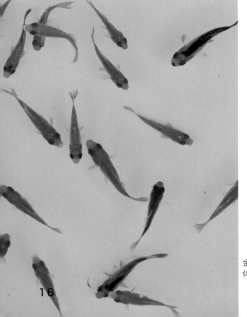

金魚すくいでおなじみの小赤は、
体長3〜4cmくらいの小さい和金。

江戸時代には金魚が流行

　江戸時代の文化・文政年間（1804〜1830年）を中心とした時代には、町人文化が栄えるようになります。この頃、金魚の大ブームが起こり、ギヤマン（ガラス容器）に金魚を入れたりするのが、粋でいなせなものとされていました。

　また金魚は絵に描かれたり、家具や着物の柄にも登場したりするようになり、俳句の季語にもなっています。金魚をたらいに入れて売り歩く金魚屋は、夏の風物詩となりました。

　お祭りの縁日での金魚すくいは、今でも楽しまれています。

金魚のこれからは？

　幕末になると金魚の品評会が行われるようになりました。当時は相撲の番付形式で記録を残すのが定番で、1862（文久2）年には、大阪ランチュウの番付が残っています。

　今では各地で金魚の品評会が行われていますが、そのルーツは江戸時代にあったというわけです。

　その後も国内では金魚商などによって品種改良が行われ、現在に至るまでたくさんの金魚が作出されてきました。これから先も、新しい品種が登場してくることでしょう。どんな金魚に出会えるのか、楽しみは尽きません。

上●土佐金は高知県の天然記念物。国内で作られた金魚の一つ。

下●桜錦は1996（平成8）年に承認された、比較的新しい国内産の金魚。

金魚の体の仕組みをチェック

金魚の体の各部の呼び名と、そのはたらきを紹介します。
さまざまな品種の金魚がいますが、
基本的な体の仕組みは同じです。

頭部

和金のような形を基本として、口先が尖ったタイプ、頭部に肉瘤（➡ 29 ページ）が盛り上がるタイプなど、品種によって違いがある。

丹頂には、頭部に大きな盛り上がりがある個体も多く見られる。

目

視力はあまりよくなく、エサや外敵を認識できる 0.1 程度。目が突出したり、上を向いたりしている品種もいる。透明鱗（➡ 27 ページ）や網透明鱗の金魚は、大きな黒目になることが多い。

透明鱗の柳出目金は、大きな黒目をしている。

鼻

呼吸には使われず、においを察知している。鼻の穴を覆う鼻孔摺という皮弁が房状に発達したハナフサ（➡ 29 ページ）がつくタイプの金魚もいる。

口

歯がなく、のどにある咽頭歯という歯の代わりをする組織で、エサを噛みつぶす。

エラぶた

金魚は、エラから酸素を取り込んでいる。エラはエラぶたで覆われていて、これを開いたり閉じたりして呼吸する。

胸ビレ

泳いでいるときに止まるブレーキとして、左右に曲がるときの舵取りをするのに使う。

背ビレ

水中で体が傾かないように、左右のバランスをとるのに使う。尻ビレと連動して使われる。ランチュウ型の金魚には、背ビレがない。

側線

体の側面に小さな穴が開いたウロコが並び、点線状に見える。この中にある器官で水の動きを、正確に感じ取っている。

尾筒（おづつ）

胴体と尾ビレの付け根の部位。金魚の用語でこの部分を指して、「尾筒が太い、細い」というように使われる。

尾ビレ

泳ぐときに、水をかくメインのヒレ。形によって、推進力に違いがある。尾ビレは品種によって、さまざまな形や長さのものがあり、観賞のポイントになっている（➡ 22 ページ）。

和金（三つ尾、更紗）

蝶尾は、名前のとおりに蝶の羽のような形の尾ビレを持つ。

腹ビレ

胸ビレと似た役割をする。上下の移動と、そのときのブレーキの役割をする。

尻ビレ

水中で体のバランスをとる。フナは１枚だが、金魚では１対２枚になるものも多い。

金魚の品種を決める4つのポイントとは

体形、尾、色などのバリエーションが豊富

金魚にはたくさんの品種があります。もともとフナを品種改良して和金ができあがり、さらにそこからさまざまな品種が登場しました。

その品種を決めるのが、①体形　②尾ビレの形　③体色と模様　④鱗の種類の4つの要素です。またこのほかにも、目や頭に特徴がある品種もいます。品種によっての違いを知って、自分がどんな金魚を飼いたいかを考えるときに、参考にしてみてください。

和金は金魚の祖先のフナに、一番近い体形をしています。

Point　品種を決める4つのポイント

①　体形　→ 21ページ

長かったり、丸かったり、背ビレがなかったり、肉瘤があるかないかなど。金魚の品種を決める基本の要素です。

②　尾ビレの形　→ 22ページ

品種ごとに、基準とされる尾の形が決まっています。突然変異や品種改良を重ねて、さまざまな形ができあがりました。

③　体色と模様　→ 24ページ

体色は赤、白が入ったものがポピュラーです。赤と白のまだら模様の更紗をはじめ、色が混じったキャリコなどいろいろあります。

④　鱗の種類　→ 27ページ

鱗の構成によって、色の出方が変わります。光を反射する普通鱗、皮膚が透けて見える透明鱗などがあります。

① 体形　主に5つのタイプに分けられる

和金型　→ 34 ページ

　金魚の祖先であるフナに一番近いスラっとした魚らしい体形。丈夫な品種が多いといわれています。

琉金型　→ 54 ページ

　頭は和金と同じく尖っていて、体は短く上から見ると幅があります。体高も高くなっています。

オランダ獅子頭型　→ 68 ページ

　丸い体と発達した肉瘤が特徴。肉瘤が獅子のたてがみのように見えることから「獅子頭」という名前がつきました。

ランチュウ型　→ 82 ページ

　背ビレがないタイプ。丸手ですが体高は低めで、胴体が筒形をしています。肉瘤が発達する品種が多いです。

パールスケール型　→ 98 ページ

　丸くふくらんだ鱗（パール鱗）を持ち、体長が短く丸い体形が特徴です。背面から見ると、球形に近いものもいます。

　体全体の形とバランスなどにより、金魚は5つのタイプに分けられます。同じタイプの中でも、尾ビレの形や頭の肉瘤の入り方など、少しずつ異なる部分があります。また和金型のような細長い体形の金魚は「長手（長もの）」、横から見て丸に近い琉金やランチュウなどは「丸手（丸もの）」と呼ばれます。

Part 1　金魚の種類とその特徴　品種のポイント……体形

　尾ビレをなびかせながら泳ぐ金魚の姿は、美しく優雅です。観賞を目的に品種改良された金魚は、その品種ならではの美しい尾ビレが出るように、それぞれ形を固定するように繁殖されています。

　普通、魚には泳ぎやすい1枚のシンプルな尾ビレが備わっています。和金型はこのタイプの尾が多くなっています。

　泳いだときにフワッと尾ビレが広がる開き尾は、いろいろなバリエーションが見られます。尾の形も、金魚を選ぶときのポイントになります。

フナ尾

　金魚の祖先であるフナと同じような、1枚の尾ビレを「フナ尾」と呼びます。和金はこのタイプですが、中には開き尾が出る個体もあります。

長く伸びた吹き流し尾は、華やかな印象です。

▲フナ尾
縦向きの1枚の尾ビレ。真ん中が切れ込んでいる。主に和金型（➡ 34ページ）に見られる。

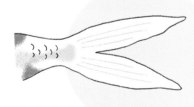

▲吹き流し尾
フナ尾が長く伸びたタイプで、真ん中が大きく切れ込む。コメット（➡ 38ページ）や朱文金（➡ 42ページ）がこのタイプ。

◀ハート尾
フナ尾を大きく、ハート形にしたような尾ビレ。ブリストル朱文金（➡ 44ページ）の仲間に見られる。

開き尾

　尾が横に開いたタイプを「開き尾」と呼びます。大きく広がる開き尾は、金魚の泳ぐ姿をより優雅に見せてくれます。開き尾には切れ込みの違いにより、三つ尾、四つ尾、サクラ尾などがあり、琉金型の金魚の多くは開き尾です。

蝶尾の出目金の後ろ姿。まるで蝶々が舞っているよう。

▲三つ尾

上から見ると３つに分かれて見え、左右２枚の尾ビレの真ん中に切り込みがない。

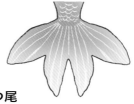

▲四つ尾

上から見ると４つに分かれて見え、尾の中心部に半分以上切り込みが入っている。

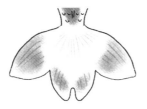

▲サクラ尾

三つ尾に近いが、中心部の先が少しだけ割れていて、桜の花びらのような形。

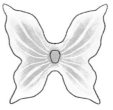

▲孔雀尾

四つ尾が胴体に垂直について、後ろから見るとＸ型になっている。地金（➡ 50ページ）などに見られる。

▲反り尾

２つに分かれた長い尾ビレの両端がカールしている。土佐金（➡ 63 ページ）特有の尾ビレ。

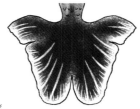

▲蝶尾

２枚の大きなヒレが蝶の羽のような形になっている。蝶尾（➡ 64 ページ）に特有の尾ビレ。

③ 体色と模様　基本は赤・白・藍で、模様はいろいろ

体色

　金魚の鱗の色は、黄（赤）色素胞と黒色素胞、虹色素胞の3種類の色素の組み合わせで成り立っています。虹色素胞が鱗の裏面にあるのが普通鱗、部分的にあるのが網透明鱗、まったくないのが透明鱗です。そして、黄（赤）色素胞の濃さによって赤から黄までの色が出ます。

▶赤

素赤や更紗の赤色。色素胞の密度や色合いで、色のトーンには幅がある。

◀白

全身が白で、ほかの色素胞は存在しない。

▶茶金

茶色がかった渋めの赤。

◀青

黄（赤）色素胞がほとんどなく、黒色素胞の量が少ない。

▶シルク

透明鱗で、体が透き通ったように白いもの。筋肉が透けて、ピンクに見える。

▲ 黄

赤と同じ黄（赤）色素胞でも色合いが異なるタイプ。

▲ 黒

黒1色は、出目金などに見られる。メラニンを含む黒色素胞が多く、黄（赤）色素胞も少しある。

▲ 雑色（キャリコ、三色）

白地に赤、黒、藍が混ざるまだら模様。モザイク透明鱗。

アルビノとは？

　金魚だけでなく、ほかの動物でも「アルビノ」は存在します。アルビノはメラニンという黒い色素がなくなった個体に見られる色。目（瞳孔）が赤いのも特徴の一つです。いろいろな品種の金魚でアルビノは見られますが、一口にアルビノといってもいろいろな色味のものがいます。

素赤の色素が薄く、目が赤いアルビノの琉金。

アルビノイエローコメット。明るい黄色に赤い目をしている。

25

模様のバリエーション

　金魚の模様の中で最も多く見られるのは、更紗模様です。更紗模様には、色の付き方によってさまざまな呼び方があります。一般的には、赤の面積の広いものが好まれています。更紗模様の金魚も、成長の途中で赤色がさめて白くなったり、白かったお腹やヒレの先に赤い色が出てきたりすることもあります。

▲更紗【さらさ】
赤と白のまだら模様。赤が多いものは「赤勝ちの更紗」、白が多いものは「白勝ちの更紗」という。

▲紅頭【べにがしら】
体が白く、頭部全体が赤くなっているもの。

▲背赤【せあか】
更紗の中でも、背中の部分に赤が入るもの。

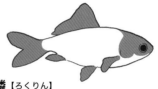

▲六鱗【ろくりん】
全部のヒレと口先が赤い。エラぶたが赤いものも多く見られる。

▲腹模様【はらもよう】
更紗の中でも、腹の部分に赤が入るもの。

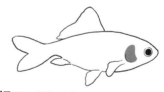

▲両奴【りょうやっこ】
左右の両方のエラぶたに赤が入っているもの。

▲丹頂【たんちょう】
体が白く、頭頂部だけに赤が入っているもの。

▲口紅【くちべに】
口先に口紅をつけたように赤が入っているもの。

④ 鱗の種類　金魚の輝きと色を出す大事な要素

　金魚が赤や白に見えるのは、表皮の色素細胞によるものです。さらに、皮膚の上を覆っている鱗によって、色の見え方が変わってきます。

　金魚の体が輝いて見えるのは、鱗の光沢のおかげです。普通鱗、透明鱗、網透明鱗、パール鱗などの種類があり、それぞれによって色の見え方は違ってきます。

▲ **網透明鱗**【あみとうめいりん】
１枚の鱗の中に、虹色素胞がある部分とない部分が混在する。そのため部分的に輝いて、紅葉模様を作る。

▲ **透明鱗**【とうめいりん】
虹色素胞がまったくない鱗。輝きがなく、下の筋肉の色が透けて見える。シルクやキャリコ模様に見られる。

▲ **パール鱗**
鱗の中心部が盛り上がった形をしている。鱗自体の形が変異したもので、珍珠鱗（➡ 99ページ）の仲間がこのタイプの鱗を持つ。

ドラゴンスケールとは？

　「竜の鱗」という意味で、鱗の変異により、統一感のない大きな鱗と、体表に鱗のない部分をあわせ持つ不思議な模様をしています。鯉の中にも見られるタイプの鱗ですが、金魚では最近さまざまな品種で見られるようになりました。

和金タイプのドラゴンスケール。

顔の形や特徴ある目などで 表情が豊か

品種によって違う顔つきを楽しもう

金魚とひと言でいっても、種類によって意外と顔つきは違います。和金や琉金を横から見ると、野生のフナに似た尖った顔つきをしていることがわかります。

ランチュウやオランダ獅子頭は、横から見ても顔に丸みがあり、半円のような形をしています。

出目金のように、眼球の付き方に特徴があるものもいます。出目金は眼球が大きく突出していますが、頂天眼になると、さらに目が真上を向いて付いています。横見だけでなく、上見や正面からの顔も見比べてみると、違いがさらに楽しめます。

◆和金型
—— 尖った顔をしている

横から見ると顔が尖っているのがわかります。オランダ獅子頭型に比べると、頭は小さめで、両目の幅も狭くなっています。

◆オランダ獅子頭型
—— 頭が出っ張っている

頭にコブが出るタイプで、両目の幅は和金型に比べると広く、体の大きさに対して頭が大きめになっています。コブの出方はさまざまです。

◆出目金
—— 目が突出している

出目金のように眼球の付き方に特徴がある品種もいます。生まれて間もない頃は普通の目をしていますが、成長するにしたがって、目が突出してきます。これは頂天眼も水泡眼も同じです。

肉瘤やハナフサなどがある品種もいる

観賞魚として品種改良されてきた金魚には、頭に肉瘤というコブを持つタイプや、ハナフサと呼ばれる鼻に房のようなものがつくタイプもいます。

水泡眼は、両目の下に大きな袋をぶら下げています。このような個性的なルックスを楽しめるのも、金魚を飼う楽しみの一つといえるでしょう。

◆ 肉瘤
―― 出っ張り方はそれぞれ

頭の上がコブのように盛り上がっていて、金魚の観賞ポイントの一つ。皮膚が厚く発達したもので、品種によってあるもの、ないものがいます。オランダ獅子頭型やランチュウ型の金魚に多く見られます。

◆ ハナフサ
―― 房が花のように見える

鼻が房のように発達します。房が花のように見えることから「花房」と表記されます。頭にコブの出る品種によく見られます。花房（➡89ページ）、茶金（➡75ページ）、大阪ランチュウ（➡88ページ）などが、ハナフサのある代表的な品種です。

◆ 頂天眼
―― 出っ張った目が上を向く

出目の特徴に加えて、目が上を向いているのが頂天眼（➡94ページ）です。出目金から品種改良されましたが、目が出ているところ以外は、共通点はあまり見られません。

◆ 水泡眼
―― 眼下に水泡が発達している

組織液がたまった水泡が、眼下に大きく発達している水泡眼（➡96ページ）。水泡があるため、目は少し上を向いています。左右の水泡のバランスがよいものが、高い価値をもつとされています。

突然変異を活用してできた
種類豊富な品種

フナから交配を重ねて品種ができてきた

金魚の品種は、突然変異で生まれた形や色の変わった金魚を親にして、生み出されていきます。さらに生まれた子から親になるものを選び、交配することで、品種の特徴を定着させていきます。

金魚の元となったのはフナですが、いくつにも枝分かれして（➡32〜33ページ）、さまざまな体形、色や模様、そして特徴のある金魚が生まれてきています。

その中でも主な流れである、和金からの突然変異、琉金からの突然変異、キャリコ（三色）出目金からの交配の3つの流れを紹介しましょう。

琉金（上）の突然
変異で頭にコブがある
ものが現れ、これがオランダ
獅子頭（下）という品種になりました。

和金から突然変異で誕生 〜 琉金、ランチュウ

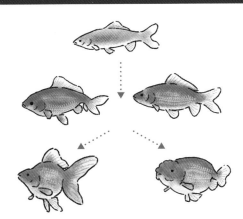

金魚の元となったフナの突然変異で、赤色のヒブナが誕生しました。これがフナ尾の和金（➡35ページ）として定着し、観賞用に尾が開いた三つ尾、四つ尾タイプが生み出されました。さらに和金より体高が高く、尾が長くなったものが琉金（➡55ページ）です。また、和金の突然変異で背ビレが欠如したマルコからランチュウ（➡83ページ）が生み出されました。

琉金から突然変異で誕生 〜 オランダ獅子頭、出目金

琉金が元になり、頭にコブ（肉瘤）ができて、顔も丸くなったものがオランダ獅子頭（→ 69 ページ）です。

また琉金からは、目が突出した出目金が登場し、この特徴を交配により定着させることで、赤出目金（→ 61 ページ）が生み出されました。さらに琉金、赤出目金の突然変異で、キャリコ（三色）出目金、黒出目金が誕生したと考えられています。

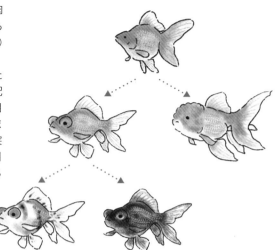

キャリコ（三色）出目金から交配で誕生 〜 キャリコ琉金、朱文金、東錦

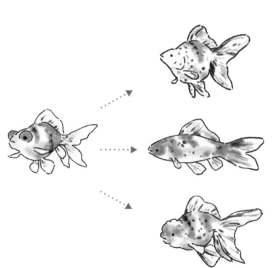

キャリコ（三色）出目金をほかの品種と交配させることで、さらに新たな品種が生み出されてきました。

キャリコ琉金（→ 58 ページ）は、キャリコ出目金と琉金を交配させることで登場。アメリカ人の依頼で、東京の金魚商が、1912 年に作りだしました。

また和金とキャリコ出目金、ヒブナ（日本のフナ）を交配してできたのが朱文金（→ 42 ページ）です。さらにキャリコ出目金とオランダ獅子頭を交配させることで、東錦（→ 78 ページ）が誕生しました。

 さらに詳しい品種の系統図は次のページへ

金魚の品種・系統図

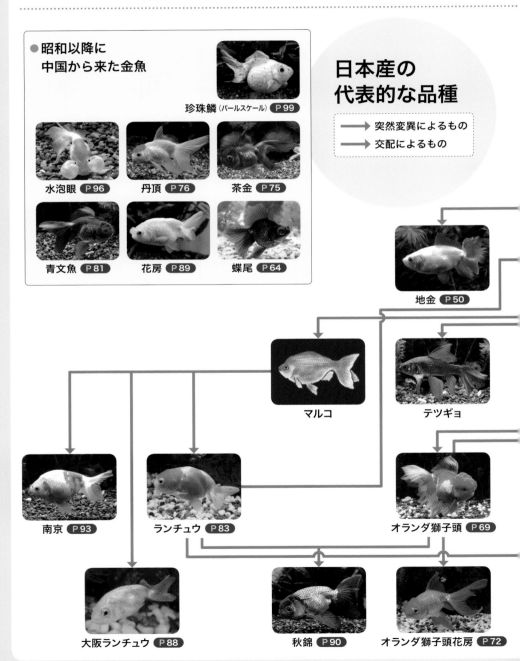

● 昭和以降に
中国から来た金魚

珍珠鱗（パールスケール）P 99

水泡眼 P 96　丹頂 P 76　茶金 P 75

青文魚 P 81　花房 P 89　蝶尾 P 64

日本産の
代表的な品種

⟶ 突然変異によるもの
⟶ 交配によるもの

地金 P 50

マルコ　テツギョ

南京 P 93　ランチュウ P 83　オランダ獅子頭 P 69

大阪ランチュウ P 88　秋錦 P 90　オランダ獅子頭花房 P 72

金魚は中国で生まれた観賞魚ですが、日本でも多くの品種が作られてきています。
フナからはじまり、さまざまな突然変異、交配などの過程を経て、
現在のようにたくさんの品種が見られるようになりました。

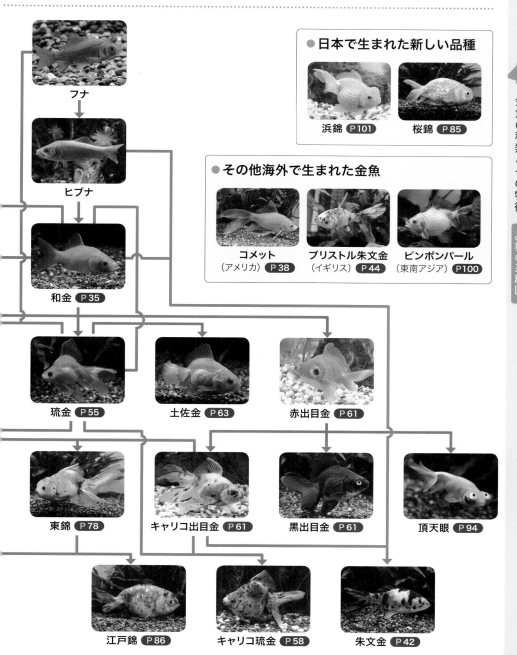

● 日本で生まれた新しい品種

浜錦 P101

桜錦 P85

● その他海外で生まれた金魚

コメット
（アメリカ） P38

ブリストル朱文金
（イギリス） P44

ピンポンパール
（東南アジア） P100

フナ

ヒブナ

和金 P35

琉金 P55

土佐金 P63

赤出目金 P61

東錦 P78

キャリコ出目金 P61

黒出目金 P61

頂天眼 P94

江戸錦 P86

キャリコ琉金 P58

朱文金 P42

和金型
の金魚

祖先のフナに近く、丈夫で
飼いやすい品種が多い

● 和金タイプの体の特徴とは？

　横長のスマートな体形で、基本の和金をはじめ、朱文金、ブリストル朱文金、コメット、地金などの品種があります。色や模様のバリエーションも豊富です。

Point 泳ぎが上手で
運動能力が高い

　泳ぎが速く、活発なので、他の種類の金魚とは水槽を分けたほうがいいでしょう。運動能力が高いため、飛び跳ねて外に出てしまうことがあるので、水槽にフタを必ずするようにしましょう。

更紗 ● 更紗模様の三つ尾タイプの和金。

背はなだらかな
曲線を描く

尾ビレのタイプはいろいろ
原種のフナに近いフナ尾、四つ尾、三つ尾など、いろいろなタイプがあります。写真は上から見ると3つに分かれて見える三つ尾タイプ。

フナ尾
1枚のヒレで中央に切り込みがあるタイプ。

四つ尾
上から見ると4つに分かれて、開いたタイプ。

和金
【わきん】

素赤 素赤と呼ばれる鮮やかな赤は、和金の代表的な色。尾はフナ尾。

古くから親しまれる在来種

　和金の歴史は古く、室町時代に中国から輸入され、日本に根づき「和金（日本の金魚）」と呼ばれるようになりました。尾の形がフナ尾のものと、開き尾（三つ尾、四つ尾など）のものがあります。

　フナ尾の代表は、金魚すくいでよく見かける小赤です。開き尾の和金は赤と白の組み合わせの更紗模様が基本ですが、最近はキャリコや桜、イエローなどさまざまな色と模様の和金が作られています。

DATA	
全長※	● 約20〜30cm
体色・模様	● 素赤、白、更紗、雑色など
尾ビレ	● フナ尾、四つ尾、三つ尾、サクラ尾

※金魚の大きさは、成長段階や飼育環境によってかなり幅があります。「全長」は、成魚の大きさの目安です。

更紗 赤と白の組み合わせの更紗模様は、人気が高い。尾は三つ尾。

35

和金の豊かなバリエーション

　和金の色や模様は、バリエーションが豊富です。更紗模様は、赤の入り方で模様が決まります。観賞する際には、頭と背に赤が入るものが美しいといわれていますが、ヒレに赤が入る六鱗模様も人気があります。

　なお、室内の水槽で飼っていると次第に体色の赤が薄くなったり、逆に屋外で飼育する場合は鮮やかになったりと、変化が現れることもあります。

更紗
尾ビレが四つ尾になっている更紗模様の和金。頭と背、お腹、尾ビレに赤が入っている。

更紗
白が多い更紗和金。白が多いものは「白勝ち」、赤が多いものは「赤勝ち」と呼ばれる。

六鱗
尾ビレ、背ビレなど各ヒレに赤が入ったタイプは「六鱗模様」と呼ばれる。背も赤いものは上見も美しい。

キャリコ
赤と藍、さらに黒が少し混ざったモザイク透明鱗の和金。部分的に透き通った鱗がきれい。尾は四つ尾。

色変わりの和金たち

　和金の基本色は素赤と更紗ですが、白やイエロー、紅葉和金と呼ばれるオレンジ色のものなども見られます。またアルビノ（➡25ページ）やドラゴンスケール（➡27ページ）などの和金もいます。

アルビノ
メラニンという黒い色素がない個体は、色が薄くなる。目（瞳孔）が赤いのも特徴の一つ。

桜三尾和金
体色がうっすらとピンク色をした個体。上から見ると、赤い部分が結構多いのがわかる。

ドラゴンスケール（青）
青っぽい色のドラゴンスケールタイプは、あまり見られない。

シルク和金
透明鱗で、鱗の表・裏の両面と、鱗の下（真皮層）にも色素胞がなく、筋肉の色が透けてピンクに見えている。

ドラゴンスケールオランダ（小）
「竜の鱗」のような、アトランダムな大きな鱗と、鱗がない部分があるタイプ。中国から日本に輸入された。

37

コメット
【こめっと】

更紗　長い尾ビレや胸ビレをたなびかせながら泳ぐ姿が美しい。

「彗星」のような長い尾が美しい

　日本からアメリカに輸出された琉金から作り出された、吹き流しの尾が特徴の金魚です。優雅に泳ぐ姿から英語で「彗星（ほうき星）」を意味する「コメット」と名付けられました。

　素赤もありますが、観賞用としては赤と白の更紗がポピュラーです。ほかにも透明鱗で色の淡い部分ができるサクラコメットと呼ばれる種類や、イエロー、白、アルビノなどの色変わりのコメットも見られますが、数は多くありません。

DATA	
全長	● 約20〜30cm
体色・模様	● 素赤、更紗など
尾ビレ	● 吹き流し尾

個体によって、赤と白の入り方はそれぞれ。好みの模様のコメットを選ぼう。

上と同じこのコメットは頭部から背部にかけて、赤い色がきれいに入っている。

バランスよく更紗模様が入り、尾が白いものが観賞用にはよいとされている。

白い部分が多い個体は「白勝ち」と呼ばれる。

左の個体の上見。コメットは基本的に横見で楽しむが、上から見て模様を楽しむのもおすすめ。

尾ビレと胸ビレが長く伸びた3歳のコメット。

コメットは活発に泳ぎ回るので、なるべく広い水槽で飼うようにしたい。

白い鱗が透明になるサクラコメット

サクラコメット
特にエラの周辺が
淡い桜色に染まっ
ている。

カラーバリエーションも楽しめる

コメットの体色は赤と白の更紗模様が基本ですが、イエローや白などの色変わりのものも見られます。また、赤目が特徴のアルビノ（➡25ページ）のコメットもいます。金魚専門店でも、見かける機会は更紗に比べると、あまり多くありません。

アルビノイエローコメット
淡く明るい黄色い体色に赤い目のアルビノ種。

イエローコメットアルビノ
右上の個体に比べると、黄色がさらに薄く体色の
ピンクが透けている。

素赤
金魚の基本色である赤いコメット。背ビレ
や尾ビレにもほんのり赤い色が入っている。

コメットの中には、白い鱗が透明鱗（→27ページ）になり、桜色に染まる「サクラコメット」という種類があります。平成大和錦とも呼ばれ、観賞魚として人気が高くなっています。

ちなみに、桜色の金魚の人気の火付け役となったのは、ランチュウ型の桜錦（→85ページ）です。この金魚が登場してから、サクラコメットのほか、サクラリュウキン、サクラデメキンなど、いろいろなタイプの桜色の金魚が登場しています。

サクラコメット　ショートテール
体形はコメットのまま、尾が短くなったショートテールタイプのものもいる。

イエロー
黄色いタイプは、2000年代以降に流通するようになった。

白
真っ白なコメットもまれに見かける。更紗や素赤に比べると、数がとても少ない。

ゴールデン
素赤がゴールドに変異した、通称ゴールデンコメット。吹き流しの尾ビレ、胸ビレともに長く、美しい。

ダルメシアン
白と赤に藍色が交ざったダルメシアン模様。上見すると、背部にも藍色が入っていることや、頭部が赤いのがよくわかる。

41

朱文金
【しゅぶんきん】

墨朱文金　キャリコ模様だが、頭部や尾ビレに黒い部分が多く見られる。

キャリコ模様を基本に 色合い豊富

　キャリコ出目金と和金、ヒブナの交配により、明治時代に日本で作られました。フナをかけているため、丈夫で飼いやすい品種です。

　和金の体形に吹き流し尾を持ち、背ビレや腹ビレも長く、観賞魚として見ごたえがあります。体色は赤、藍、黒の3色が入ったキャリコ模様で、部分的に透ける透明鱗のものが基本です。しかし個体差が大きく、色や模様は体の左右でもかなりの違いがあります。近年は普通鱗の銀鱗朱文金や桜模様の桜朱文金なども見られます。

DATA	
全長	● 約20～30cm
体色・模様	● キャリコなど
尾ビレ	● 吹き流し尾

墨丹頂朱文金
体のほとんどが黒いが、頭の上に赤が入っている。顔の周辺は透明感があり、筋肉の色が透けて見えている。上から見ると、頭部が赤いのがよくわかる。

変わり朱文金
赤や黒が入らないタイプもいる。好きな色の個体を選んでみよう。

鱗が銀色に輝く　銀鱗朱文金

朱文金変わり銀鱗ダルメシアン
犬のダルメシアンのような、黒い模様がアクセントになっている。

透明鱗ではなく、普通鱗を持ったタイプで、朱文金のような浅葱色（あさぎ）は出ず、光が当たるとギラギラとした輝きが強く見えます。ダルメシアン模様など個性的な見た目のものがいて、「メタリック朱文金」の名前で流通することもあります。成長とともに、色柄は少しずつ変わっていきます。

銀鱗朱文金
キャリコ模様で、普通鱗を持つ銀鱗タイプ。

銀鱗朱文金
赤もバランスよく入ったタイプ。鱗がキラキラ輝いて見える。上見すると、背中に黒が多く入っていることがわかる。

ブリストル朱文金

【ぶりすとるしゅぶんきん】

ブリストル朱文金銀鱗　切り込みの入った大きなハート型の尾ビレは優雅な雰囲気。

ハート型の尾ビレが愛らしい

　日本で生まれた朱文金が、イギリスのブリストルに渡り、改良された品種です。日本に輸入され始めたのは2000年代の初頭で、その後国内で生産された個体も流通するようになりました。

　体高のある肉厚の体形と、ハート型で大きく広がる尾ビレが最大の特徴。成長するにつれて、ハートの形がはっきりしてきます。体色は浅葱色(あさぎ)が基調で、赤や黒が入ったキャリコ模様が基本ですが、他の色合いのものも出てきています。

DATA	
全長	● 約15〜20cm
体色・模様	● キャリコなど
尾ビレ	● ハート尾

ブリストル朱文金銀鱗
正面から見ると、体の左右の模様が違うことがわかる。

ブリストルショート
透明鱗で、筋肉の色が透けて淡いピンク色に見える。

黒ブリストル朱文金

新しいタイプで、体色がキャリコではなく、黒になっている。腹部は黒色の色素胞が少なく、金色っぽく見える。

ブリストル藍色朱文金

赤は入らず、藍色が基調で黒い模様が少しだけ入っているタイプ。

朱文金と同じように、赤、黒、藍の3色がバランスよく入ったキャリコ模様のブリストル朱文金。上から見ても、胸ビレや背ビレが大きく立派なのがわかる。

コメット、朱文金、ブリストル朱文金のルーツは?

　吹き流し尾を持ったコメットと朱文金は体形が似ていますが、実はそのルーツはまったく違います。コメットは琉金がルーツで、池で自然繁殖を重ねるうちに、体形は祖先であるフナに似てきて、琉金の特徴である長い尾だけはそのまま残りました。

　一方、朱文金はキャリコ出目金と和金、ヒブナを交配して作られた品種。成り立ちは違いますが、コメットと似た体形をしているのです。ブリストル朱文金は、イギリスに渡った朱文金を改良した品種です。古くから上見で金魚を楽しんできた日本と違い、水槽飼育が主流だったイギリスでは、横から見て美しい尾を持つ金魚を目指して、ブリストル朱文金が生み出されたそうです。

琉　金	→	コメット

池で自然繁殖

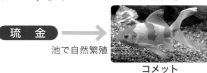

コメット
フナ体形の個体が出現

和　金		
キャリコ出目金	交配	
ヒブナ		

朱文金

イギリスで改良

ブリストル朱文金

柳出目金

【やなぎでめきん】

桜 柳出目金の中では、比較的珍しい桜模様。正面から見ると、眼球が突出しているのがよくわかる。

和金型でスマートな出目金

上から見ると、吹き流し尾が優雅な雰囲気。

出目金（➡60ページ）と似ていますが、和金型のスマートな体形が特徴です。和金からの突然変異か、出目金と朱文金か和金との交配によってできたといわれています。動きが俊敏で、優雅に泳ぐ姿が楽しめます。

尾はコメットのような吹き流し尾、またはフナ尾をしています。もともとはキャリコ模様が基本でしたが、今では素赤、白、黒のほか、シルクやイエロー、更紗、キャリコなどカラーバリエーションは豊富。色違いの柳出目金を何尾か入れれば、賑やかな水槽になります。

DATA	
全長	●約15〜20cm
体色・模様	●素赤、更紗、黒、白など
尾ビレ	●吹き流し尾、フナ尾

キャリコ
赤と藍がメインだが、ところどころに黒も入っている。

上の個体の上見。眼球の飛び
出し方は個体によってかなり
差がある。

イエロー

鮮やかな黄色がきれい。イエロー更紗な
どの体色も出てきている。

顔の正面はやや黄色っぽい。

シルク　透明鱗で、筋肉の色が透けてピンクに見える。目が黒いので、別名パンダとも呼ばれる。

上見すると、目が大きく、はっきりと出ているのがよくわかる。

キャリコ
赤と藍、黒がバランスよく入っている。

素赤
柳出目金の中では、最も一般的な色。吹き流し尾で、ヒレの先にだけ白が出ている。

上見。素赤は白砂など、色の薄い砂利を入れると色が映える。

48

目のまわりに入った赤が
アクセントになっている。

上見でも、目のまわりの
赤がきれいに見える。

更紗
うっすらと模様が入った
更紗の柳出目金。

上の個体の上見。アルビノでは
ないので、目は黒い。

白
全身が白い柳出目金
も、数は多くないが
見られる。

黒
柳出目金では深い黒色の個
体が見られる。しかし、次
第に赤くなる。

地金・桜地金
【ぢきん・さくらぢきん】

背ビレや尾ビレなど各ヒレとエラ、口先に赤が入る六鱗模様。

尾張地方で作出された伝統的な金魚

　江戸時代から続く品種で、愛知県で天然記念物に指定されています。和金の突然変異から作られ、白い体に赤いヒレなどが美しい六鱗模様が特徴です。また尾ビレは孔雀尾をしています。

　自然のままで六鱗を出すのは難しいため、幼魚の体色がフナ色から赤色に変わった頃に、調色（ちょうしょく）を行います。木のへらや爪などを使い、白くしたい部分の鱗を落とし、頭の部分は軽くこすります。こうすることで、色素胞を含まない鱗や皮膚が再生し、下地の白色が見えるようになります。

DATA	
全長	●約20cm
体色・模様	●六鱗など
尾ビレ	●孔雀尾

▲透明鱗タイプの桜地金。淡い桜色が美しい。

▼同じ桜地金でも、色の出方はいろいろ。各ヒレすべてに色が入っているものがよいとされるが、自然にはなかなか色が出ない。

江戸地金

【えどぢきん】

キャリコ模様の出方は、個体によっていろいろ。

キャリコ模様が
特徴の地金

体形は地金と似ていますが、半透明鱗に赤、黒、浅葱色が混じったキャリコ模様が特徴です。「調色をしないで楽しめる地金」を目指して作られた品種です。1966（昭和41）年、東京都水産試験場が地金（➡50ページ）と三色（キャリコ）出目金（➡61ページ）の交配を行い、さらに東錦（➡78ページ）も加えて改良が行われました。

尾ビレは四つ尾が縦について、後ろから見るとX型に見える孔雀尾をしています。この尾の形が整い、きれいな浅葱色が出たことで品種改良が完成、1978（昭和53）年に「江戸地金」と名前がつけられました。

DATA	
全長	● 約20cm
体色・模様	● キャリコ
尾ビレ	● 孔雀尾

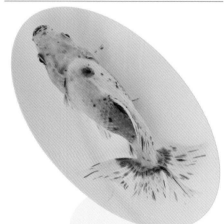

上見すると、特徴的な尾ビレの形がとてもきれい。

桜東海錦
【さくらとうかいにしき】

尾ビレをはじめ、背ビレや胸ビレも長い。

キャリコ模様が
特徴の地金

　地金（➡50ページ）と蝶尾（➡64ページ）の交配により誕生しました。そのため尾ビレは地金の孔雀尾に似た縦に開いた形状ですが長く、優雅に泳ぐ姿が楽しめます。

DATA	
全長	● 約20cm
体色・模様	● 紅白透明鱗
尾ビレ	● 孔雀尾 ＋ 蝶尾

金魚の名前の由来

　金魚の名前にはいくつかのパターンがあります。まずは、姿かたちの特徴が名前になった「出目金」「蝶尾」「オランダ獅子頭」など。
　さらに「桜東海錦」のように作られた場所が名前に入っているものには「大阪ランチュウ」「江戸錦」「津軽錦」などもあります。

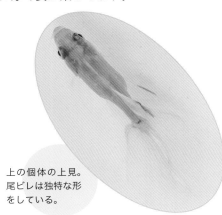

上の個体の上見。
尾ビレは独特な形
をしている。

五色オーロラ

【ごしょくおーろら】

尾ビレだけでなく、背、胸、腹とすべてのヒレが大振りで見栄えがいい。

透明鱗がオーロラのように輝いて見える

朱文金（➡42ページ）と江戸地金（➡51ページ）を交配して作られた品種で、体長も長く、ヒレも大きく育ちます。

尾ビレは吹き流し尾のように長く、切れ込みの深い四つ尾になります。地金が入っているため、体高がやや高くなっているのも特徴です。

オーロラは透明鱗のタイプが多く、透き通った微妙な色合いがきれいです。白をベースにして、赤、藍などが入る雑色が基本ですが、鱗に薄く黒がのり、青味がかって見えます。成長とともに色合いが変わっていくのを観察するのも、育てていくうえでの楽しみの一つです。

DATA	
全長	● 約25〜30cm
体色・模様	● 雑色
尾ビレ	● 四つ尾

正面から見ると、顔の上のほうに赤っぽい色が入っているのがわかる。

琉金型
の金魚

金魚の代表ともいえる、
古くから親しまれてきた品種

● 琉金タイプの体の特徴とは？

体高と体長が同じくらいに見えるほどずんぐりした体形をしています。腹部は大きく丸く、すべてのヒレが長く伸びています。頭部は和金の名残りで、ツンと尖っています。

Point 「転覆病」に
かからないように注意

丸手の金魚がかかりやすい「転覆病（➡ 215 ページ）」には注意。エサの与えすぎが原因になるので、体形の変化を見ながら、エサの量を調節しましょう。

更紗 ● 赤と白の更紗模様の琉金。

背は「キャメルバック」と呼ばれ、ラクダの背中のように盛り上がっている

口先は尖っている

腹は丸く厚みがある

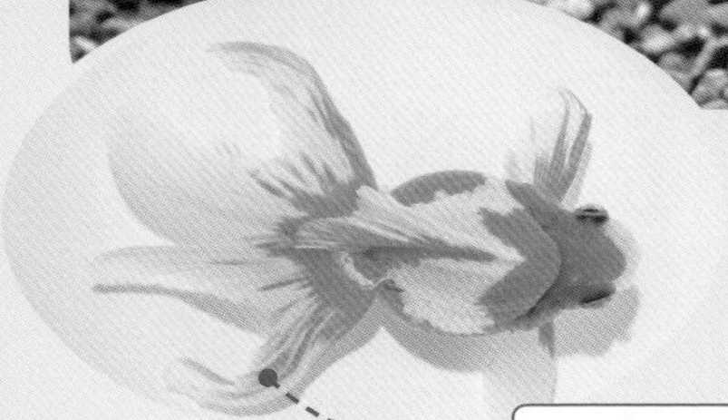

尾ビレのタイプはいろいろ
長いタイプのほかに、尾ビレが短いショートタイプもいます。三つ尾、四つ尾、サクラ尾が見られます。

四つ尾
上から見ると４つに分かれていて、開いている。

琉金
【りゅうきん】

素赤 鮮やかな赤の琉金。長い尾ビレや背ビレが泳ぐと揺らめいて、美しい。

歴史が長い
丸手金魚の代表格

　金魚といえば、この琉金の姿を思い浮かべる人も多い、古くから親しまれている品種です。中国から琉球（沖縄）を経由して、江戸時代の安永・天明年間（1772 ～ 1789年）に薩摩（鹿児島県）に入ってきました。

　短くつまった体と長いヒレが特徴で、背は「キャメルバック」と呼ばれ、ラクダの背中のように盛り上がっています。体色は赤の多い更紗模様がよく見られます。

DATA	
全長	● 約15 ～ 20cm
体色・模様	● 素赤、白、更紗など
尾ビレ	● 三つ尾、四つ尾、サクラ尾

上見したところ。濃い赤がアクセントになっている。

更紗 赤が濃く、きれいに出た更紗模様。左右両方のエラに赤が入った「両奴（りょうやっこ）」の模様になっている。

55

琉金のカラーバリエーション

　琉金のカラーは、赤と白が混じった更紗が基本です。更紗でもいろいろな色の入り方があるので、お気に入りの模様のものを探してみましょう。

　また素赤、黒、白といった単色のもの、桜模様の桜琉金、オレンジ色がかった紅葉琉金なども見られます。

更紗　顔とヒレに入った赤が鮮やか。

真っ赤に紅葉したモミジのような色合い。

透明感のある白系。鱗の美しさが際立っている。

優しい色合いのオレンジ色の紅葉琉金。

紅葉琉金

網透明鱗性の琉金。数が少なく、なかなか見られませんが、鮮やかな色合いがきれいです。

黒琉金　金色が交ざった黒琉金。真っ黒なものもいる。

桜琉金
更紗の透明鱗タイプのものは、淡い色合いが美しく「桜琉金」と呼ばれる。

アルビノ
素赤の色素が薄く、目が赤い、アルビノの琉金もまれに見られる。

キャリコ琉金

【きゃりこりゅうきん】

赤、藍、黒の３色がバランスよく入っている。

3色のモザイク模様が華やか

明治時代に、キャリコ出目金（➡61ページ）と琉金（➡55ページ）の交配によって作られた品種です。大型の個体は体高の高さが際立ち、存在感があります。

赤、藍、黒の３色が入り、鱗はモザイク透明鱗。キャリコ金魚の代表格で、「キャリコ」と呼ばれることもあります。体だけでなく、背ビレや尾ビレにも、模様が適度に入った個体がよいとされています。

DATA	
全長	● 約20cm
体色・模様	● 雑色、キャリコなど
尾ビレ	● 三つ尾、四つ尾、サクラ尾

キャリコショート

琉金の仲間にも、各ヒレが短いショートテールタイプのものがいる。

ショートテール琉金

【しょーとてーるりゅうきん】

ショートテール琉金変わり　複雑に赤、藍、黒が入り混じったキャリコ模様をしている。

DATA	
全長	● 約20cm
体色・模様	● 更紗、白、キャリコなど
尾ビレ	● 四つ尾（短尾系）

尾ビレが短く、よちよち泳ぐ

　ボールのように丸い体に対して、半分以下の短い尾ビレが特徴。ヒレが短いため泳ぎはあまり得意でなく、よちよちとした感じで泳ぐ様子が愛らしいです。

　基本の更紗のほか、キャリコ、桜、白、丹頂などカラーや模様のバリエーションは豊富です。中国原産ですが、近年は国内でも生産されていて「だるま金魚」の名前で流通することもあります。

上の個体を正面から見たところ。目のまわりにも少し赤い色が入っている。

59

出目金
【でめきん】

虎　オレンジがかった黄色の体色に黒い模様が入っている。

大きな目が
チャームポイント

　琉金の突然変異から作られ、明治時代に中国から輸入されました。体形は琉金そのままの丸手、三つ尾や四つ尾の開き尾で、名前のとおりに眼球が突出しているのが特徴です。

　出目金の代表的な色は赤、黒、キャリコ（三色とも言われる）。キャリコ出目金は、キャリコ琉金（➡58ページ）、朱文金（➡42ページ）、東錦（➡78ページ）など、多くの金魚の交配に使われています。

DATA	
全長	●約 15 〜 20cm
体色・模様	●素赤、更紗、白、黒、雑色など
尾ビレ	●三つ尾、四つ尾、サクラ尾

シルク
体が透き通って白く見え、透明な虹彩（瞳孔のまわり）を通して、目の奥も透けて見える。別名パンダとも呼ばれる。

赤出目金
黒出目金の次によく見られる。上見では、眼球が横に飛び出しているのがよくわかる。

黒出目金
出目金の中で、最も多く見られるのがこの色。

キャリコ
出目金のキャリコはあまり見られない。長くたなびく尾ビレがきれい。

出目金のカラー＆体形バリエーション

　黒、赤の出目金が多く見られますが、キャリコ、アルビノ、桜など、体色はバリエーション豊富です。また、中国で作られた尾ビレの短い「ショートテール出目金」という品種もいるので、いろいろなタイプから選べます。

白
出目金ではなかなか見られないが、白い個体もいる。

アルビノ
体色が薄く、赤目のアルビノ出目金。アルビノの金魚はほかの品種でも見られるが、出目金のアルビノは入手しやすい。

素赤
お腹が大きく丸い体形は変わらないが、尾ビレが短いショートタイプの出目金もいる。

パンダ
蝶尾（→64ページ）でポピュラーな白と黒のパンダ模様は、出目金にも見られる。

土佐金
【とさきん】

素赤　土佐金では、最も多く見られる色。

美しくカールする
反り尾が豪華

　江戸時代から高知県（かつての土佐）で作られ、1969（昭和44）年に天然記念物に指定されています。「反り尾」と呼ばれるカールする尾ビレが特徴的です。この美しい尾ビレを作るために、専用の丸い容器で育てられています。泳ぎがあまり上手でないので、ほかの品種とは一緒に飼育しないほうがいいでしょう。

　大阪ランチュウと琉金（→55ページ）の交配種といわれ、「土佐錦」と表記されることもあります。

DATA	
全長	● 約15cm
体色・模様	● 素赤、白、更紗、雑色など
尾ビレ	● 反り尾

きれいな尾ビレを観賞するには、上見で飼うのがおすすめ。

蝶尾

【ちょうび】

黄金蝶尾 金色がかったイエローの個体。明るく輝く体色がきれい。

蝶のような形の
尾ビレを持つ

出目金（➡60ページ）から作出された中国金魚で、1970〜80年代に輸入されました。今では国内でも養殖されています。目が大きく飛び出しているところは出目金と似ていますが、最大の特徴は、蝶が羽を広げたような形の尾ビレ。上見で楽しむのに最適です。

体色は素赤、更紗、黒、キャリコに加えて、黒と白が入り混じったパンダ模様も見られます。

DATA	
全長	●約20〜30cm
体色・模様	●素赤、白、更紗、羽衣、雑色など
尾ビレ	●蝶尾

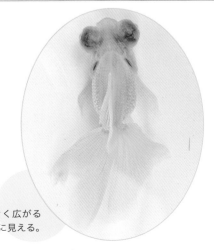

上の個体の上見。大きく広がる
尾ビレが蝶の羽のように見える。

64

ドラゴンスケール蝶尾
名前どおりに「竜の鱗」のような鱗が特徴。
鱗の並び方や大きさが個体によって違う。

キャリコ蝶尾
赤、藍、黒の3色が入り混じっ
たキャリコ模様も多く見られる。
上見では、尾ビレに複雑に色が
入っているのがよくわかる。

パンダ蝶尾
だんだん黒が抜けることが多いので、黒い部分
が多い個体を選ぶと、パンダ模様を長く楽しめる。

白蝶尾
全身が白い個体もまれに見られる。パンダ蝶尾
も、最終的にこのようになることが多い。

65

玉サバ

【たまさば】

玉サバドラゴンスケール
竜の鱗のように大きな鱗が目を引くドラゴンスケールの玉サバは、珍しい。

長く伸びた尾ビレが美しい

錦鯉の産地である新潟県で作られた品種。体は琉金のように丸い形ですが、長く伸びたフナ尾を持っています。この尾を「サバ尾」と呼ぶことから、玉サバの名前がつきました。

新潟生まれなので、寒さに強くて丈夫。長い尾ビレがあることから動きが俊敏で、スイスイと泳ぎます。体色は更紗が基本ですが、桜や白などバリエーション豊富です。

DATA	
全長	● 約20〜30cm
体色・模様	● 素赤、白、更紗など
尾ビレ	● フナ尾（サバ尾）

青玉サバ　青色の玉サバもあまり見られない。輝きのある鱗で、メタリックな印象。

キラキラ

鱗にしわがあり、光をいろいろな方向に反射するため、体がキラキラ輝いて見える。

更紗

ヒレに赤が入った更紗模様の玉サバ。この色で透明鱗になると「タマニシキ（玉錦）」と呼ばれる。

トラリュウ

体は赤く、各ヒレに黒が入った個体は、トラリュウなどと呼ばれる。

オランダ獅子頭型
の金魚

盛り上がった頭部が特徴で
カラーバリエーションが豊富

● オランダ獅子頭タイプの体の特徴とは？

肉瘤（⇒29ページ）が発達していて、頭頂部のほか、目や口のまわりにも見られます。ライオンのたてがみのような見た目から「獅子頭」という名前がつきました。

> **Point** 大きく育つので
> 広めの水槽で飼おう
>
> オランダ獅子頭型の金魚は、成長すると30cmほどになります。60cmサイズ以上の水槽で、2〜3匹くらいを飼うようにしましょう。また丸手の金魚がかかりやすい「転覆病（⇒215ページ）」に注意が必要です。

素赤 ● ミカンのようなオレンジ色の個体。

頭部に肉瘤と呼ばれる
盛り上がりがある

各ヒレが長い

尾ビレのタイプはいろいろ
大きな三つ尾、四つ尾が美しいです。写真は上から見ると3つに分かれて見える三つ尾タイプ。

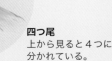

四つ尾
上から見ると4つに
分かれている。

オランダ獅子頭

【おらんだししがしら】

更紗 赤と白の更紗模様。頭部だけでなく、目やエラの周辺にも肉瘤が盛り上がっている。

モコモコした肉瘤の獅子頭が見事

　琉金の変異種から改良された品種で、江戸時代後期に中国から入ってきました。当時「海外からの輸入＝舶来もの」のイメージで、「オランダ」の名がついたといわれています。

　立派な肉瘤がある頭部、大きな三つ尾、四つ尾の尾ビレが特徴で、見た目は華やか。琉金よりやや長手の体形ですが、顔は丸みがあります。体色は素赤や更紗が一般的ですが、黒や白なども見られます。

DATA	
全長	●約20〜25cm
体色・模様	●素赤、更紗、黒、白など
尾ビレ	●三つ尾、四つ尾

黒 黒出目金（→61ページ）のような真っ黒なものもいる。

69

オランダ獅子頭の色変わり

オランダ獅子頭のカラーバリエーションは、素赤、更紗、白、黒のほかに、白黒、紅葉、虎などいろいろなものが見られます。また大きな鱗に特徴があるドラゴンスケール（➡27ページ）や、目が赤いアルビノ（➡25ページ）などもいます。

カワリキンギョ

淡いシルク（➡24ページ）の体色が珍しいタイプ。

ドラゴンスケール

竜の鱗のようなドラゴンスケールタイプのものもいる。大きさがアトランダムな鱗は見ごたえがある。

白

全身が純白のものは「白オランダ」の名前で流通していることもある。上見では大きく広がる三つ尾が楽しめる。

アルビノ
黒色のメラニン色素
がなくなったアルビ
ノタイプも見られる。

ジャンボオランダ獅子頭
【じゃんぼおらんだししがしら】

この個体は15cmほどだが、50cm近くまで成長する。

原種のフナのように
大きく長い体が特徴

　オランダ獅子頭と和金の交配種で、全長50cmくらいまで育つ大型のオランダ獅子頭の仲間です。熊本県で誕生し、九州地方を中心に養殖されています。色は素赤、更紗が中心で、まれに鉄色の個体も見られます。大きく育て

るには、池などで飼育する必要があります。

DATA	
全長	●約40～50cm
体色・模様	●素赤、更紗、黒、白など
尾ビレ	●三つ尾、四つ尾

オランダ獅子頭花房

【おらんだししがしらはなふさ】

素赤　丸いハナフサが愛らしい。長く伸びた背、尾、腹ビレも見事。

鼻についた飾りが愛らしい

　鼻の部分にある突起が、房のように発達する品種です。背ビレのないランチュウ型（➡89ページ）に多く見られますが、オランダ獅子頭でもハナフサがあるものがいます。ハナフサが大きく、左右均等に発達したものがよいとされています。

DATA	
全長	●約 20 ～ 25cm
体色・模様	●素赤、更紗など
尾ビレ	●三つ尾、四つ尾

更紗
口吻に赤が出て、口紅をつけているように見える。
上見ではヒレの美しさが楽しめる。

ローズテールオランダ

【ろーずてーるおらんだ】

上下に開いた尾ビレが美しい。頭部やエラ付近に肉瘤の盛り上がりが見られる。

きれいに広がった尾ビレが美しい

　「ローズテール」という名前は、熱帯魚のベタの品種名が由来。バラの花びらのような尾ビレを持つことから、この名前がつけられました。

　特に後ろから見ると、上下に尾ビレが大きく広がって、美しいです。カラーバリエーションは豊富で、素赤、更紗、キャリコ、桜などいろいろなものがいます。優雅に泳ぐ姿を観賞するには、大きめの水槽でゆったりと飼うのがおすすめです。

DATA	
全長	● 約 20 〜 25cm
体色・模様	● 素赤、更紗、キャリコなど
尾ビレ	● 三つ尾、四つ尾

泳いでいる姿を後ろから見ると、尾ビレの大きさがよくわかる。

日本オランダ

【にほんおらんだ】

更紗 赤と白の入り方は個体によって違う。この個体は尾ビレにもきれいに赤が入っている。

古くから日本で飼育されていた獅子頭

中国産のオランダ獅子頭が国内に入り、四国地方で作り出された品種です。江戸時代から飼育されてきました。

オランダ獅子頭と比べると体が長く、胸ビレもやや長くなります。オランダ獅子頭のほうが多く流通していますが、日本オランダも入手しやすい品種です。

体色は素赤や更紗が多く見られますが、鱗の1枚1枚に斑点が入った鹿の子模様の更紗もわりとよく見られます。

DATA	
全長	● 約30cm
体色・模様	● 素赤、更紗など
尾ビレ	● 三つ尾、四つ尾

素赤
赤といっても、オレンジ色がかっているタイプ。
成長とともに、体がほっそり長くなる。

74

茶金
【ちゃきん】

オランダ獅子頭と比べると、体はやや長手。尾ビレが華やか。

赤味を帯びた茶色は独特の色合い

中国原産の金魚で、昭和時代には国内でも養殖されていて、わりとよく見られました。金魚では珍しい渋い色合いが人気ですが、今ではあまり流通していません。

その独特な体色から、中国では「紫魚」、英語名では「チョコレートオランダ」と呼ばれています。

体形は頭部に肉瘤のない琉金タイプと、肉瘤が発達するオランダ獅子頭タイプのほか、ハナフサがあるものも見られます。

DATA	
全長	● 約 25cm
体色・模様	● 茶
尾ビレ	● 三つ尾、四つ尾

ハナフサがある「茶金花房」。ハナフサは赤が多く、まれに茶色や白のハナフサがついている個体もいる。

75

丹頂
【たんちょう】

丹頂　日本で飼育されてきた、頭の盛り上がりが控えめなタイプ。

丹頂鶴を思わせる 紅白の配色

体は純白で、頭部の肉瘤だけが濃い赤。その配色が丹頂鶴を連想させることから、この名前がつきました。英語名は「レッドオランダ」です。長く伸びた尾ビレがきれいですが、各ヒレが短いショートタイプもいます。

中国産は肉瘤が大きく発達し、日本産は肉瘤が小さめで体が大きくなる傾向があります。近年は頭が大きく盛り上がるタイプが人気で、国内でも養殖されています。

DATA	
全長	● 約25cm
体色・模様	● 丹頂
尾ビレ	● 三つ尾、四つ尾

上の個体の上見。尾ビレが美しいので、上から観賞するのもおすすめ。

高頭丹頂
頭の肉瘤が大きく盛り上がったタイプ。

頭部にのっかるように、赤い肉瘤が発達している。

高頭丹頂
正面から見ると、赤い肉瘤がちょうどハート形に見える個体。肉瘤の付き方は、個体によっていろいろ。

東錦

【あずまにしき】

キャリコ 赤が多いキャリコタイプ。長く伸びた尾ビレが見ごたえある。

キャリコ模様が基本で多彩な色合いが楽しめる

　キャリコ出目金（➡61ページ）とオランダ獅子頭の交配で作られた、キャリコ模様にモザイク透明鱗が基本スタイルの品種です。

　体形はオランダ獅子頭と同じで、頭には肉瘤が発達しています。基本は赤、藍、黒の3色が入っていますが、藍が抜けて更紗になったものは桜東錦（あずまにしき）と呼ばれます。また、キャリコ模様ではないドラゴンスケールやブラックドラゴンなどの種類も見られます。

DATA	
全長	●約15〜25cm
体色・模様	●雑色、キャリコなど
尾ビレ	●三つ尾、四つ尾

ブラックドラゴン
東錦の色がわり。真っ黒ではなく、体色は金色がかって見える。

ドラゴンスケール系
東錦
体の一部に大きめの鱗がある、ドラゴンスケール系（➡ 27ページ）の東錦。

桜東錦
藍色が入っていない更紗は、桜東錦と呼ばれる。東錦と更紗模様のオランダ獅子頭との交配で誕生した可能性が高い。

関東東錦
関東で養殖される東錦は、体がやや長手なのが特徴。赤、黒、白がバランスよく入ったキャリコ模様がきれい。

竜眼
【りゅうがん】

竜眼ドラゴンスケール（トラ）　黄色と黒の虎のような色合い。

色や模様が豊富な
出目のオランダ獅子頭

　中国原産の出目のオランダ獅子頭で、日本には昭和時代に入ってきました。「オランダ出目」、「ドラゴン」などと呼ばれていましたが、あまり定着はしなかったようです。その後、国内でも養殖されるようになりましたが、数はそれほど多くありません。

　肉瘤ととび出た目が個性的で、愛嬌がある顔をしています。色や模様が豊富で、素赤や更紗をはじめ、丹頂、茶、黒、トラなどがあります。

DATA	
全長	● 約20cm
体色・模様	● 雑色、素赤、更紗など
尾ビレ	● 三つ尾、四つ尾

竜眼　素赤
この個体は若いのでまだ肉瘤が発達していないが、成長とともに大きくなっていく。

80

青文魚
【せいぶんぎょ】

肉瘤が盛り上がり、各ヒレも大きく、迫力がある。

渋めの青黒い体色がユニーク

　琉金をやや長手にしたオランダ体形で、金魚には珍しい青黒い体色をしています。昭和30年代初頭に中国から輸入され、国内でも養殖されていますが、数はそれほど多くありません。

　成長するにつれて、白くなるものがあり、退色途中の背が黒く腹が白いものは「羽衣」、全身が白くなったものは「白鳳」と呼ばれます。頭部の肉瘤が発達するタイプ、肉瘤がないものもいます。

DATA	
全長	●約25cm
体色・模様	●青黒色、羽衣など
尾ビレ	●三つ尾、四つ尾

羽衣
はごろも

青文魚の中には、成長してから退色するものがあり、腹側から白くなっていく。退色途中のものは「羽衣」と呼ばれる。

ランチュウ型
の金魚

背ビレがなく、丸みのある体で
優雅に泳ぐ「金魚の王様」

● **ランチュウタイプの体の特徴とは？**

　背ビレがないのが最大の特徴
で、ほかのヒレも短くなっていま
す。また顔の周辺に肉瘤が発達し
て、個体によっていろいろな表情
が見られます。

> **Point** 上見を楽しむ
> 　　　　 飼い方がおすすめ
>
> 　ランチュウの仲間は背ビレがない
> ため、上から見たときに体表が見え
> る面積が多く、上見を楽しむのに適
> しています。水槽で飼う場合も、上
> から眺められるようにしておくとい
> いでしょう。

素赤 ● 腹部まできれいな赤色をしている。

背はヒレがなく、
ゆるくカーブしている

頭部に肉瘤と呼ばれる
盛り上がりがある

尾ビレのタイプは3種類
尾ビレは短く、三つ尾、四つ尾、サク
ラ尾の3タイプ。写真は上から見ると
3つに分かれて見える三つ尾タイプ。

四つ尾
上から見ると4つに分かれている。

ランチュウ

【らんちゅう】

更紗　赤と白の更紗模様は基本カラー。

金魚の王様と称される
昔から人気の品種

　愛好家が多く、日本各地で品評会が行われている人気の高い金魚です。江戸時代後期には、現在のランチュウに近い姿になっていたといわれています。

　背ビレがなく、体に丸みがあり、上見を楽しむ金魚の代表格です。上から見たときに、小判に尾ビレがついたような、厚みのある体がよいとされています。頭には肉瘤があり、個体によってそのつき方はさまざまです。

DATA	
全長	●約15〜20cm
体色・模様	●素赤、白、更紗、黒、青、羽衣など
尾ビレ	●三つ尾、四つ尾、サクラ尾

上の個体の上見。胴体は筒状をしている。

ランチュウのカラーは豊富

ランチュウのカラーバリ
エーションには、更紗、素
赤、白、青、黒などがあり
ます。更紗は模様の出方が
個体によってさまざまです。

青ランチュウ
メタリックな印象の青。赤が多い
金魚の中では、珍しいカラー。

白ランチュウ
全身が白いランチュウは「ハク」
と呼ばれる。見かける機会は少ない。

黒ランチュウ
全身が真っ黒なタイプ。この個体は肉瘤
も発達していて、見ごたえがある。

桜錦
【さくらにしき】

変わり桜錦　淡い桜色と、キラキラ輝いて見える鱗が美しい。

透明感のある鱗で淡い桜色が美しい

　愛知県の養殖場で、浅葱色と黒が抜けた江戸錦（➡86ページ）とランチュウを交配して作り出されました。1980年に完成し、1996年に「桜錦」と名付けられた比較的新しい品種です。人気が高く、今では多くの養殖場で作られています。

　赤と白だけが出るように固定されているため、体色は更紗のみ。モザイク透明鱗（➡27ページ）なので、赤い部分が淡い桜色に見え、桜錦の名前にふさわしい色合いが楽しめます。

DATA	
全長	● 約20cm
体色・模様	● 更紗
尾ビレ	● 三つ尾、四つ尾

上の個体の上見。複雑に入った模様を観賞しよう。

江戸錦
【えどにしき】

五色江戸錦　複雑に入ったキャリコ模様が見ごたえある。

モザイク透明鱗に
キャリコ模様が映える

　赤、藍、黒のモザイク透明鱗の雑色で、さまざまな色合いが楽しめます。ランチュウや桜錦に比べると、肉瘤はあまり発達しません。

　ランチュウと東錦（➡78ページ）の交配で、1951年頃に作られた品種です。作出したのは金魚商・2代目秋山吉五郎。ちなみに初代秋山吉五郎は、明治から昭和初期にかけて、キャリコ柄の新品種である朱文金、東錦、キャリコ琉金を次々世に送り出しています。

DATA	
全長	● 約20cm
体色・模様	● 雑色、キャリコなど
尾ビレ	● 三つ尾、四つ尾

上の個体の上見。ランチュウ型で背ビレがないため、背中の模様がじっくり観賞できる。

江戸錦の色変わり

キャリコ模様の江戸錦ですが、変わり江戸錦の名前で、さまざまな色変わりの品種が登場しています。白が多いもの、赤が多いものなどで印象が随分違います。好みの色の個体を選んでみましょう。

変わり江戸錦
赤が多く、白はほとんど見られないタイプ。上見では背中にもうっすら黒が入っているのがわかります。

変わり江戸錦
体の前半分がオレンジ色っぽい赤、後ろ半分は茶色がかっているタイプ。

変わり江戸錦
白と赤味のある茶色の個体。見る角度によって、いろいろな色の見え方になるのがおもしろい。

大阪ランチュウ
【おおさからんちゅう】

更紗　尾ビレにきれいに赤が入っていて、六鱗に近い更紗模様をしている。

肉瘤が発達しない細身の顔が特徴

江戸時代から関西で飼育されていた、ランチュウの祖先であるマルコに近いタイプです。顔が細く、体も小さめ。肉瘤は発達しませんが、ハナフサ（➡29ページ）があります。また、平付け尾と呼ばれる、水平に広がる三つ尾をしています。

体色は更紗で、各ヒレに赤が入る六鱗（➡26ページ）がよいとされています。一時期、絶滅しそうになっていましたが、愛好家たちの手によって復元されつつあります。

DATA	
全長	● 約10cm
体色・模様	● 更紗、六鱗など
尾ビレ	● 三つ尾、四つ尾

顔が細く、肉瘤がない。大阪ランチュウも上見で楽しみたい。

花房
【はなふさ】

白花房　更紗や素赤のものが多いが、白もまれに見られる。

上の個体の上見。カリフラワーのように盛り上がったハナフサがかわいい。

ポンポンのような ハナフサが愛らしい

　ハナフサとは、鼻孔摺という鼻の穴を覆う皮弁が発達したものです。泳ぐたびにゆらゆら揺れる様子が愛らしく、個体によってはハナフサが大きく成長するものもいます。なお、「花房」の名前がつく金魚は、オランダ獅子頭タイプにもいます。

　ハナフサはほかの金魚につつかれたり、何かに引っかかると取れたり破れたりしてしまうことがあるので、注意して飼育しましょう。

DATA	
全長	●約20cm
体色・模様	●素赤、更紗、茶、雑色など
尾ビレ	●四つ尾

更紗
ハナフサは左右均等に出ているものがよいとされている。

89

秋錦
【しゅうきん】

青秋錦　青文魚（➡ 81 ページ）と同じカラーで、いぶし銀のように光る背中の鱗が印象的。

長く伸びる尾ビレが美しい

　背ビレのないランチュウとオランダ獅子頭（➡69ページ）を交配して作られた金魚です。作出した初代秋山吉五郎の名前と、当初の素赤の体色が秋の紅葉を思わせることから、「秋錦」と名付けられました。

　体はランチュウに比べるとやや長めで、胸ビレや尾ビレも長くなっています。もともとはオランダ獅子頭のように肉瘤が見られましたが、肉瘤の出ていないものが多くなってきています。

DATA	
全長	● 約 20 ～ 30cm
体色・模様	● 素赤、更紗、白、羽衣、藍など
尾ビレ	● 三つ尾、四つ尾

上の個体の上見。たなびく尾ビレが華やか。

素赤

秋錦では、素赤のものが多く見られる。ヒレの先は白くなっている。

背ビレのないランチュウ型なので、上見での観賞に向いている。

上の個体を正面から見たところ。胸ビレ、腹ビレ、尾ビレが長く伸びているのがよくわかる。

羽衣

藍色が入った羽衣タイプの秋錦。尾ビレが大きく、迫力がある。

津軽錦

【つがるにしき】

成長とともに赤くなる途中の当歳魚（その年に生まれた魚のこと）。

絶滅から再生された
青森生まれの金魚

　江戸時代に青森県（津軽藩）で飼育されていた金魚ですが、一時は絶滅していました。現在の品種は、ランチュウと東錦（➡78ページ）の交配によって、新たに作られたといわれています。

　体形はランチュウ型ですが肉瘤は少なく、尾ビレが長いのが特徴です。体色は鉄色のものが多く、まれに成長とともに赤くなる素赤も見られます。肉瘤は発達しますが、あまり大きくはなりません。

DATA	
全長	● 約20cm
体色・模様	● 素赤、黒、白、雑色など
尾ビレ	● 三つ尾、四つ尾

上の個体の上見。尾ビレの先には、黒色が残っている。

南京
【なんきん】

更紗　白が多い更紗模様は「白勝ち」と呼ばれる。

島根で飼育されてきた
天然記念物の金魚

　ランチュウの祖先、マルコから作られ、島根県出雲地方で江戸時代中期から飼育されてきました。島根県の天然記念物に指定されています。

　肉瘤はなく口先が尖り、尾ビレは長めの四つ尾です。体の後方に向かってふくらみが増す体形が理想的です。また一般的に金魚は赤いものが好まれますが、南京では白いものがよいとされています。そのため、赤を取り除く調色を行うことがあります。

DATA	
全長	● 約15cm
体色・模様	● 白、更紗、六鱗など
尾ビレ	● 四つ尾

後部に向かうほど胴体が太くなる、アーモンド形が理想の体形。

頂天眼
【ちょうてんがん】

素赤　素赤や更紗のものが多く見られる。

天を仰ぐような
目が個性的

　名前のとおりに突出した眼球が真上を向いている、出目金の突然変異種。中国産で、1903（明治36）年に、30匹の頂天眼が広東省から横浜に輸入された記録があります。

　背ビレがなく、細長い胴が特徴で、両目が左右均等な形のものがよいとされています。なお中国には背ビレのあるタイプの頂天眼もいるようです。視力はよくなく、あまり泳ぎ回らずに、水底で静かにしていることが多いようです。

DATA	
全長	● 約20cm
体色・模様	● 素赤、更紗、黒、黄など
尾ビレ	● 三つ尾、四つ尾

上の個体の上見。胴体は細長く、尾ビレは三つ尾。

丹頂

頭部だけに赤が入った、丹頂模様の個体。この個体のように特に目が寄っているものを、天空頂天眼と呼ぶ。

頂天眼は上見で観賞する金魚の代表的な品種。こちらを見ているような目が愛らしい。

白

白い頂天眼もまれに見られる。

水泡眼

【すいほうがん】

白　この個体のように、左右均等に水泡が出ているものがよいとされている。

顔の両側についた 大きな水泡が目をひく

　両目の下に大きな水泡がある、中国原産の金魚です。宮廷で飼育される宮廷金魚で、日本には1958（昭和33）年に初めて輸入されました。

　体形は長手のランチュウ型で、尾ビレが長くなっています。水泡は角膜がリンパ液で満たされて膨らんだもの。皮が薄いため、傷つくと破れてしまうことがあるので、扱いには注意しましょう。水泡が大きくなると、あまり泳がなくなるようです。

DATA	
全長	● 約18cm
体色・模様	● 素赤、更紗、黒、白、雑色など
尾ビレ	● 三つ尾、四つ尾

上の個体の上見。ぷっくりと水泡が膨らんでいるのがよくわかる。

横から見たところ。水泡の皮は薄く、中の液体が透けて見えている。

更紗

大きく水泡が出た、更紗の個体。上から
見ると、長い尾ビレが美しい。

更紗

まるでホオズキの実の
ように、赤く大きく膨
らんだ水泡を持つ個体。

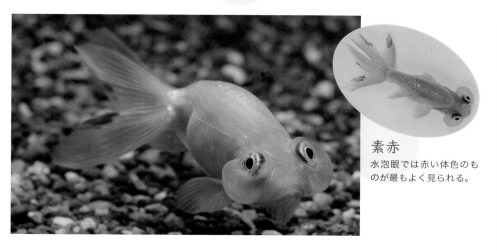

素赤

水泡眼では赤い体色のも
のが最もよく見られる。

パールスケール型
の金魚

●パールスケールタイプの体の特徴とは？

真珠を半分に割ったような、中央部が膨らんだ鱗に覆われています。左右に幅がある丸い体形をしていて、後ろから見ると球形に近いものもいます。

真珠のような鱗を持ち
丸い体が愛らしい

> **Point** 石や流木などは
> 入れないほうがいい
>
> パール鱗は、はがれてしまうと再生しません。水槽には石や流木などの体がこすれてしまうものは、入れないようにしましょう。また転覆病（➡ 215 ページ）にかかりやすいので、エサは少しずつ与えましょう。

雑色 ● 模様がきれいな雑色のパールスケール。

顔はやや尖っている

「パール鱗」と呼ばれる
盛り上がった鱗

腹部が大きく
ふくらんでいる

尾ビレは短めのものが多い
尾ビレは短めで、三つ尾、四つ尾の２タイプ。尾ビレが大きめのものがよいとされている。

四つ尾
上から見ると４つに分かれている。

珍珠鱗
【ちんしゅりん】

キャリコ　赤、白、黒の3色から成るキャリコ模様。

パールスケールの名前で親しまれている

原産国の中国名を日本語読みした「珍珠鱗」という品種ですが、英語名の「パールスケール」という呼び名が広く使われています。昭和30年代に中国から輸入されました。

体形は琉金を丸くした形で、尾ビレは短く、動きはあまり俊敏ではありません。鱗が傷つくと再生しないため、注意しましょう。水温が低いと病気になりやすいので、冬はヒーターで18〜23℃をキープしましょう。

DATA	
全長	● 約18cm
体色・模様	● 素赤、更紗、雑色、キャリコなど
尾ビレ	● 三つ尾、四つ尾

上の個体の上見。複雑に入った模様が楽しめる。

体の側面も大きく膨らんでいる。

99

ピンポンパール
【ぴんぽんぱーる】

トラ　虎を思わせる配色で、背中に入った黒い模様が特徴。

ピンポン玉のような
まん丸な体がキュート

　パールスケール型の中で特に体が丸い金魚で、名前のとおりピンポン玉のような姿かたちをしています。頭は小さくやや尖っていて、尾ビレは短くなっています。

　成長すると全長20㎝くらいになりますが、流通しているものは5㎝以下の個体が多いようです。小さいものは特に飼育に注意が必要です。

　国産と外国産がありますが、外国産はヒーターで18〜23℃の水温を保つのがおすすめです。

DATA	
全長	● 約15〜20cm
体色・模様	● 更紗、素赤、トラなど
尾ビレ	● 三つ尾、四つ尾

上の個体の上見。丸みのある鱗が美しい。

正面から見ると、腹部がまん丸なのがよくわかる。

浜錦
【はまにしき】

白　白い鱗は、パールスケールの名前どおり、真珠のような美しさ。

上の個体の上見。肉瘤は左右に分かれて、水泡のように膨らんでいる。

大きく膨らんだ肉瘤が迫力ある

　パールスケールの中でも肉瘤が発達した高頭パールという品種を改良して、20年近い歳月をかけて愛知県で作られた品種です。高頭パールを輸入した観賞魚問屋が静岡県浜松市にあったことから、1978（昭和53）年に「浜錦」と名付けられました。

　左右に2つに分かれた頭部の肉瘤は年齢とともに発達し、水泡状に大きく膨らみ、見ごたえがあります。体色は赤、更紗、白などがあります。

DATA	
全長	● 約20cm
体色・模様	● 素赤、更紗、白、雑色など
尾ビレ	● 三つ尾、四つ尾

素赤　オレンジ色に近い赤色は、浜錦に多く見られる。

101

天然記念物の金魚たち

4種類の金魚が天然記念物に指定されている

金魚の中には、天然記念物に指定されたものがいます。
高知県、島根県、愛知県、宮城県にそれぞれ一種ずついますが、
どんな金魚なのか紹介しましょう。

金魚の女王 土佐金（高知県）

➡ 63ページ参照

尾ビレが美しくカールしている。

　高知県高知市を中心に飼育されています。江戸時代に土佐藩山内家の家老が、江戸から金魚を持ち帰ったのが始まりです。第二次世界大戦や1946（昭和21）年の南海大震災で絶滅の危機に瀕しましたが、生き残った数匹が、現在の元になっているといわれています。1969（昭和44）年に高知県天然記念物に指定されました。

マルコがルーツ 南京（島根県）

➡ 93ページ参照

白勝ちの更紗模様と鱗の輝きが美しい。

　出雲・松江地方の特産品種で、ランチュウの原種・マルコの面影があります。江戸時代の寛延（1750年頃）より、出雲では金魚の飼育が盛んになり、他国に見られない特有の金魚が生み出されました。1982（昭和57）年に、島根県の天然記念物に指定されました。

和金の突然変異種 地金（愛知県）

➡ 50ページ参照

ヒレや口先に赤が入る六鱗模様がきれい。

　尾張藩士天野周防守によって寛文〜延宝年間（1661〜1680年）に作出されたといわれています。藩士のみが飼育を許されていましたが、江戸時代末期から明治初期に裕福な町民が飼い始め、徐々に三河地方に広がりました。1958（昭和33）年に、愛知県の天然記念物に指定されました。

ヒレの長いフナのよう 鉄魚

（宮城県）

細長い体で長いヒレをなびかせて泳ぐ。

　宮城県加美郡魚取沼で1922（大正11）年に発見された金魚で、見た目はヒレの長いフナという印象です。鉄のような色をしていることから鉄魚と名付けられました。1933（昭和8）年、魚取沼一帯が鉄魚生息地として国の天然記念物に指定されました。

Part 2

金魚の飼育の
基本を
知っておこう

金魚を迎える前に
知っておきたい
3つのポイント

金魚を飼い始める前に、
まず金魚はどんな生きものなのか、
どんな環境を好むのかなどを知っておきましょう。
迎えるときには、彼らにとってよい環境を
整えておけることでしょう。

＼POINT／
1

金魚が喜ぶ
生活環境を
理解しておこう

　金魚は水槽で手軽に飼えます。しかし、健康に長生きさせたいと思うなら、金魚が喜ぶ環境を知っておく必要があります。

　そこで一番のポイントになるのが、飼育する水槽の水。金魚が生活しやすい水温は 18〜20℃といわれているので、なるべく水温が一定になるようにしてあげましょう。

　汚れた水も健康を害する原因になります。水換えを定期的にして、快適な環境を保つようにしましょう。

> 金魚が喜ぶ環境 ➡ 114 ページ

＼POINT／
2

入手するときは
健康状態をしっかりチェック

　金魚を入手したいと思ったら、ペットショップや熱帯魚店、ホームセンターなどへ行ってみましょう。さまざまな品種、色、模様違いがあるので、どの金魚にしようか迷ってしまうほどです。

　もちろん、見た目が気に入ったものであることは大事です。しかし、入手するときは健康状態に問題がないか、しっかりチェックしてからおうちに迎えるようにしましょう。

> 金魚の体のチェックポイント ➡ 109 ページ

金魚が快適に暮らせる水槽を
用意して、水温や水質にも気
をつけてあげましょう。

水質をよくするための3つのポイント

水槽内の水を金魚の健康を守るのに適した水にするために、
取り入れたい3つのポイントを紹介します。

ポイント 1 バクテリアが適度に生息するようにしておく

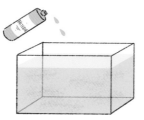

水槽内の水をきれいにするのには、バクテリアが欠かせません。真新しい飼育水にはバクテリアがいないため、観賞魚飼育用のバクテリアのもとなどを入れるようにするといいでしょう。

ポイント 2 水のpH値が酸性に傾かないように注意

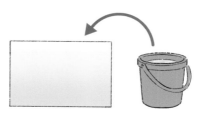

金魚の飼育には、pH7.0の中性が適しています。水道水は中性なので、使って問題ないのですが、汚れがたまってくると水質は酸性に傾いていきます。定期的な水換えなどで、水質を管理しましょう。

ポイント 3 牡蠣殻（かきがら）を入れると水質がアルカリ性に傾く

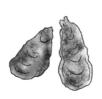

快適！

牡蠣の殻はアルカリ性の炭酸カルシウムが多く含まれているため、水に溶けると水質はアルカリ性が強くなります。また牡蠣の殻は多孔質で表面に穴がたくさん開いているため、バクテリアのすみかになります。市販されていますが、食べ終わった牡蠣殻をよく洗い、よく乾かしたものも使えます。作業時は手をけがしないよう気をつけて。

川や池の水を使っても大丈夫？

自然の池沼や川の水は、金魚の飼育に適しているのでは？と思う人もいるかもしれません。しかし、場所によっては家庭排水や工場排水が流れ込んでいることもあります。また、金魚にとって有害な昆虫などが混入していることもあります。

井戸がある場合も、井戸水には鉄分やカルシウムが溶け込んでいる可能性もあるので、水質を検査してから使うのが無難です。

急激な水温変化に注意して、適温をキープ

　金魚は変温動物です。そのため、水温によって、状態が大きく変化します。生存可能な水温は0〜40℃と幅広いですが、飼育に適した水温は15〜28℃です。

　また適応する水温は広いものの、急激な温度変化に敏感で、水換えの際に突然水槽内の水より冷たい水を入れたりすると、体調を崩してしまうことがあります。新しい飼育水を入れる場合は、水槽内の水となるべく同じ水温にしておくことが大事です。

水温が低くなると、動きが鈍くなり、じっとしているようになります。

チェック Point **水温によって変わる金魚の行動をチェック**

0℃　　10℃　　20℃　　30℃　　40℃

水温5℃以下	水温15〜28℃	水温30℃以上
水温が5℃くらいまで下がると、冬眠状態になり、水槽の下のほうでじっとしているようになります。エサを食べなくなり、成長も止まってしまいます。	金魚に適した水温は、15〜28℃。食欲も出て、元気に泳ぎ回ります。飼育水槽ではヒーターを利用して、18〜20℃くらいに水温をキープしておくようにしましょう。	水温が30℃を超えると、エサをあまり食べなくなります。40℃を超してしまうと、生命の危機にさらされます。真夏の屋外飼育では、特に水温が急上昇しないように、注意が必要です。

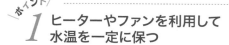

快適な水温を保つ 3つのポイント

急激に水槽内の水温が変化しないようにするために心がけておきたい、
3つのポイントを紹介します。

ポイント 1 ヒーターやファンを利用して水温を一定に保つ

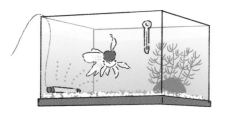

　水槽内にはヒーターを入れて、サーモスタットで温度設定をし、18〜20℃に水温が保たれるようにしておきましょう。逆に夏で水温が20℃を上回るときは、ヒーターは使わず、ファンで水面に風を送り、水温が上がりすぎないようにしましょう。

　水槽の見やすい場所に水温計を設置して、朝晩エサをあげるときに、適温が保たれているかをチェックするようにして。

ポイント 2 直射日光が当たらない場所に水槽を置くようにする

　自然の太陽光を浴びたほうが金魚の健康にいいのでは？と思う人もいるかもしれませんが、強い日差しは急激な水温変化の原因になります。

　水槽を置く場所は直射日光が当たらないところにしましょう。またエアコンの風が直接当たるような場所も避けましょう。

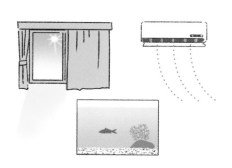

ポイント 3 屋外飼育では、真夏は特に水温管理に注意

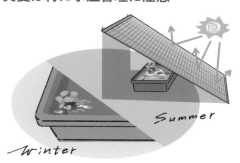

　屋外で金魚を飼う場合は、自然の水温の変化にまかせて、冬は冬眠状態にしてかまいません。ただし夏の急激な水温の上昇は金魚の健康に害を及ぼすので、すだれなどで直射日光をさえぎるようにしましょう。

一緒に飼う金魚の相性をチェック

品種や性質によって、一緒に飼えるかを考えよう

せっかく金魚を飼うなら、いろいろな品種を一緒に飼ってみたいという人もいるでしょう。しかし、金魚は品種によって性質や泳ぎ方に違いがあり、相性があります。

Part1で紹介したように、金魚には5つの体形のグループ（→21ページ）があります。和金型は長手と呼ばれ、そのほかの丸みを帯びた品種は丸手と呼ばれます。長手の和金は泳ぎが得意で、動きも敏捷です。一方、丸手の金魚の中にはランチュウのようにおっとりしたタイプの品種もあるため、長手の金魚と一緒に飼うとストレスを感じることになります。

複数の金魚を飼う場合は、金魚どうしの相性をよく見るようにしましょう。

ここに注意 同じ品種の金魚でも様子をよく見よう

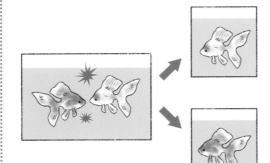

同じ品種でも体の大きさが違う場合は、大きな魚がエサをひとり占めしてしまうことがあるので、注意が必要です。

また、同じ品種で体のサイズが同じくらいの金魚でも、性質や個性はさまざま。ケンカをしたり、一方的に追いかけ回したりしているようだったら、水槽を分けてあげましょう。

金魚どうしの相性をチェック

同じ体形・サイズの品種どうし

和金型（➡ 34 ページ）どうし（和金とコメット、朱文金など）、オランダ獅子頭型（➡ 68 ページ）どうし（オランダ獅子頭と丹頂など）で、大きさも同じくらいなら、同居しても大丈夫です。

動きがゆっくりした品種どうし

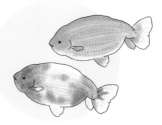

ランチュウの仲間（➡ 82 ページ）は、背ビレがないことから、動きがほかの品種に比べてゆっくりしています。同じ品種どうしか、動きがゆっくりした品種となら、同居が可能です。

動きが機敏な品種どうし

和金型の仲間（➡ 34 ページ）は、動きが素早いので、ランチュウ型（➡ 82 ページ）などのおっとりしたタイプの品種と同居すると、エサをひとり占めしたり、ほかの金魚を傷つけてしまうことがあります。和金型はほかの品種とは一緒に飼わないほうがいいでしょう。

体に特徴がある品種は、単独で飼ったほうがいい

目が突出した頂天眼は、ほかの品種と一緒に飼わないようにしましょう。

目が突出した出目金（➡ 60 ページ）や水泡眼（➡ 96 ページ）、頂天眼（➡ 94 ページ）などは、ほかの金魚と混泳させると、ぶつかったりしたときに目を傷つけられてしまう危険があります。

またお腹がふくらんだ珍珠鱗の仲間（➡ 99 ページ）なども、動きがあまり俊敏ではないので、ほかの品種と一緒に飼わないほうがいいでしょう。

そのほか、土佐金（➡ 63 ページ）、地金（➡ 50 ページ）などは飼育や管理の方法がほかの品種と違うので、単独で飼うようにしましょう。

江戸時代から続く金魚の産地

かつての三大産地と今の三大産地

日本で流通している金魚の多くは、国内の養魚場で生産されています。
愛知県の弥富市、奈良県の大和郡山市、これにかつては東京都の
江戸川区が加わり「金魚の三大産地」と称されていました。
しかし、江戸川周辺の養魚場は都市化、宅地化の影響で、埼玉県加須市に移転していて、
最近では熊本県長洲町を入れて「三大産地」とされているようです。

日本で最も多くの金魚を生産
愛知県・弥富市

　弥富市の金魚生産量は、国産の金魚の半分以上にもなり、日本を代表する金魚の生産地といえます。現在流通している金魚の品種のほとんど（約30種）が、ここで生産されています。

　弥富金魚の始まりは、約150年前にさかのぼります。ある郡山（大和郡山市）の金魚商人が、東海道五十三次の熱田の宿を目指す道中に、前ヶ須（弥富市）の宿場町で金魚を休ませるために池を作って放したところ、愛らしい姿に魅せられた寺小屋の権十郎が購入し、飼育を始めました。やがて明治に入り、佐藤宗三郎によって、本格的な養殖が始まりました。

金魚すくい選手権大会を開催
奈良県・大和郡山市

　大和郡山市はさらに歴史が古く、1724年に柳澤吉里候が甲斐の国（山梨県）から大和郡山へ入国したときに、金魚を持ち込んだのが始まりといわれています。

　ここでは金魚すくい用の金魚を大量に生産しています。1995年に第1回の

熊本県
長洲町

奈良県
大和郡山市

愛知県
弥富市

「全国金魚すくい選手権大会」が開催され、全国から696人の選手が参加しました。その後、会を重ねるごとに参加人数は増え、今ではすっかり大和郡山市の夏の風物詩として定着しています。

ジャンボ獅子頭で知られる
熊本県・長洲町

　熊本県の北西部、福岡県との県境に位置する長洲町では、約100年前から金魚の養殖が盛んに行われています。町内には十数軒の養殖事業者がいて、さまざまな金魚が育てられています。

　中でもオランダ獅子頭が大型化する品種「ジャンボオランダ獅子頭（➡71ページ）」が特産金魚として有名です。

Part

3

水槽セッティングと
飼育グッズ

快適な飼育環境を整える
3つのコツ

金魚は水槽で飼育するのが基本です。
快適に、健康に、金魚が過ごせるように
必要なグッズを揃えて、飼育環境を
整えてあげましょう。

好みの飼い方に応じて
水槽やレイアウトを選んで

　金魚を飼うときには、どんな飼い方をしたいのかを考えておくことが大事です。
　水槽に水草やアクセサリーを入れて、インテリアのようにして楽しみたい。大きな水槽で、いろいろな種類の金魚を飼ってみたい。また、コンパクトな水槽を使い、デスクの上に金魚を置いて癒やされたいという人もいるかもしれません。金魚のいる生活をどんなふうに楽しみたいのかを考えて、水槽やレイアウトを決めていきましょう。

家の中のどこで飼うかを
事前に考えておこう

　水槽は金魚が落ち着ける場所に置くことが大切。直射日光が当たったり、昼夜の温度差が激しかったりする場所は、避けるようにしましょう。
　また水槽に砂利や水を入れると、かなりの重量になります。重量に耐えられる頑丈な場所で、金魚が快適に過ごせる環境の場所を探して、水槽の置き場所を決めておくことが肝心です。

何匹かを一緒に飼う場合は、それぞれの金魚が快適に泳げるスペースを確保することが大事。

快適な水槽で金魚を迎えられる
ように準備しましょう。

コツ 3

必要なグッズを
しっかり準備しておこう

　金魚を飼うには、水槽だけでなくい
ろいろなグッズが必要です。水をきれ
いに保ち、酸素量を十分に保つために
欠かせないろ過装置、光を当てて昼夜
のリズムをつくるライト、さらに水温
を一定に保つためのヒーターなどを活
用して、快適な住環境を作ってあげま
しょう。
　また金魚を迎える1週間くらい前に
はグッズを揃えて、水槽をセッティン
グしておくようにしましょう。

Point
快適な住環境を作るためのポイント

金魚の数、大きさに応じた
サイズの水槽を選ぶ

　小さな水槽に何匹もの金魚を入れて飼っ
ていると、酸欠になりやすく、水も汚れや
すくなります。サイズによって飼える金魚
の数は変わってくるので、どんな水槽にす
るかを事前に考えて、選んでおきましょう。
→ 水槽のサイズについては 140ページ

定期的な水換えと
水槽そうじを行う

　金魚の健康を守るためには、水質管理が
欠かせません。フンやエサの食べ残しで、
水槽内の水は日々汚れていきます。定期的
な水換えと水槽そうじを行って、清潔で快
適な環境を保ちましょう。
→ 水換え、水槽そうじについては
Part 4 180ページ〜

ろ過装置を使って
水質管理をしっかりする

　定期的に水換えをしても、水質を保つの
は大変です。そこで活躍するのが、ろ過装
置(フィルター)です。ろ過装置には、いろ
いろな種類があるので、水槽の大きさによっ
て、適したものを選ぶようにしましょう。
→ ろ過装置については 145ページ

飼い方、楽しみ方に応じて水槽をレイアウト

どんな水槽にするかを考えて準備

金魚を飼う最大の楽しみともいえるのが、どんな水槽レイアウトにするかです。水草や流木を入れてナチュラルな雰囲気にしたい。シンプルなレイアウトにして、金魚の姿をじっくり観察したい。睡蓮鉢で上見を楽しみたいなど、目的や好みに応じていろいろなレイアウトの方法があります。

飼いたい金魚の種類、数、そして家の中のどこに水槽を設置するのかなどをよく考えて、自分だけのお気に入りの水槽を作りましょう。

金魚が泳ぐ姿をイメージして、レイアウトを考えましょう。

コツ 水槽レイアウトのコツ

1 水槽は金魚に合った形、サイズのものを

20cm、30cmの小型水槽では、金魚の数は少なくして、水草やアクセサリーも入れすぎないのがコツ。45cmになると、泳がせられる金魚の数も増え、見栄えのいいレイアウト水槽を作れます。

2 砂利の種類、色で印象が変わる

水槽の印象は、底に敷く砂利の色でかなり変わります。大磯砂は、金魚の色が映えます。五色砂や白砂利などの明るい色の砂利は、水槽が明るい印象になりますが、汚れが目立ちやすくなります。逆に黒砂利は、汚れは目立ちにくいです。

3 水草、石、流木などは安全を考慮して

水草は金魚が食べても安全で、手入れがしやすいものを選びましょう。アナカリスやカボンバ（➡153ページ）などがおすすめです。石や流木などを入れる場合は、金魚の体を傷つける心配がないように、形や配置にも気をつけましょう。特に出目金、水泡眼、頂天眼などは、目が傷つきやすいので注意を。

水槽の大きさを比較してみよう

126ページからのレイアウト例に登場する、幅60cm、45cm、30cmの各水槽と、
超小型のボウル型水槽の大きさを比較してみました。
かなり大きさに違いがあるので、どこに置くかをしっかり考えておくことが大事です。

広々大きめパターン
60cm水槽（水量：57ℓ）
➡ 130ページ

● 幅 …………60cm
● 奥行き ……30cm
● 高さ ………36cm
かなり大きい。

60cm

基本パターン
45cm水槽（水量：38ℓ）
➡ 126ページ

● 幅 …………45cm
● 奥行き ……30cm
● 高さ ………32cm
ペットボトル（500ml）と比較すると、
サイズ感がよくわかる。

45cm

コンパクトパターン
30cm水槽（水量：14ℓ）
➡ 132ページ

● 幅 …………31cm
● 奥行き ……19cm
● 高さ ………26cm
上の2種類に比べると、
かなり小さい印象。

31cm

18cm

ボウルセット
ボウル鉢（水量：2.8ℓ）
➡ 139ページ

● 直径18cmの球状のボウル型水槽。
デスクにおけるくらいのコンパクトさ。

125

水草と流木を配置
基本パターン
38ℓ 水槽

金魚の数の目安 ● 小5〜6匹、中2〜4匹

❶	水槽	45cm水槽（W450×D300×H320mm、38ℓ） ➡p141
❷	ろ過装置	外掛け式フィルター ➡p146
❸	照明	LEDライト ➡p149
❹	ヒーター	サーモ付きヒーター ➡p148
❺	水温計	ガラス棒水温計 ➡p148
❻	底砂利	五色砂 ➡p149
	水草	アナカリス、流木付ミクロソリウム
	金魚	玉黄金、玉サバ（ドラゴンスケール）、 墨朱文金

流木のくぼみは、金魚が休む場所になる。

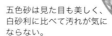

五色砂は見た目も美しく、
白砂利に比べて汚れが気に
ならない。

　水草や流木、石を配置したナチュラルな
雰囲気のレイアウトです。体の大きさが同
じくらいの玉サバ、墨朱文金などを入れて
います。流木に付いた水草は、糸でくくり
つけてあるので、水換えやそうじのときも、
そのまま取り出すことができて便利です。

Point　流木を奥に配置することで
　　　　奥行きが出る

　大きさがある流木を水槽の奥に配置
して、小さめの石を手前に置きます。
こうすることで、水槽に奥行きがある
ように見えます。

レイアウト例 …… ❷

金魚を観察しやすい
シンプルパターン

35ℓ 水槽

金魚の数の目安●小5〜6匹、中2〜4匹

❶	水槽	45cm水槽（W450×D300×H300mm、35ℓ） ➡p141
❷	ろ過装置	投げ込み式フィルター ➡p145
❸	照明	LEDライト ➡p149
❹	ヒーター	サーモ付きヒーター ➡p148
❺	水温計	ガラス棒水温計 ➡p148
❻	底砂利	大磯砂 ➡p149
	水草	アナカリス
	金魚	琉金、桜琉金、出目金、丹頂、ブラックドラゴン

複数の種類の金魚を飼う場合は、相性を
チェックしよう（➡ 118ページ）。

アナカリスは入手しやすく、
丈夫で扱いやすい水草。

128

　数匹の金魚を観察するのに適した、スッキリしたレイアウトです。水槽の中には、石と水草はアナカリス1種類のみを配置。ろ過装置は、投げ込み式フィルターを入れています。シンプルなレイアウトなので、水換えや水槽そうじも楽にできます。

Point 丈夫で手入れがしやすい
水草を選ぶとラク

　アナカリスは砂利に植えて、ライトを当てるだけで、枝分かれしてよく伸びます。ときどき、トリミング（➡155ページ）をしましょう。

129

レイアウト例 …… ❸

大型金魚や複数飼育に最適
広々大きめ
パターン

57ℓ 水槽

金魚の数の目安 ●小6〜10匹、中4〜6匹、
大2〜3匹

❶	水槽	60cm水槽（W600×D300×H360mm、57ℓ）➡p141
❷	ろ過装置	外部式フィルター ➡p147
❸	照明	LEDライト ➡p149
❹	ヒーター	サーモ付きヒーター ➡p148
❺	水温計	デジタル水温計 ➡p148
❻	底砂利	砂利型ろ過材 ➡p149
	水草	カボンバ、ミクロソリウム・ウインドローブ流木付
	金魚	更紗琉金、日本オランダ、東錦（ドラゴンスケール系）

大きめの金魚は泳ぐ姿も迫力満点。

底砂利には、水をきれいにする効果があるろ過砂利（➡ 149 ページ）を使用。水の汚れを吸い取り、水草の栄養に変える効果がある。

　大型金魚を飼いたい、何匹もの金魚が混泳する様子を楽しみたいという人には、大きめの60cm水槽がおすすめです。ただし、大型金魚はフンの量なども多く、小さな金魚を飼うより水が汚れやすいので、フィルターはパワーがある外部式のものを使用しています。

Point 置き場所を最初に
しっかり考えておこう

　60cm水槽はかなり大きく、水を入れると約80kgくらいの重さになります。また外部式フィルターは、水槽の外に設置するため、そのスペースも必要になります。家の中のどこに水槽を置くかをしっかり考えておきましょう。

131

レイアウト例……❹

初めて飼う人におすすめ
コンパクトパターン

14ℓ 水槽

金魚の数の目安 ● 小4〜5匹

❶	水槽	30cm水槽（W310×D190×H260mm、14ℓ） ➡p141
❷	ろ過装置	外掛け式フィルター ➡p146
❸	照明	LEDライト ➡p149
❹	水温計	ガラス棒水温計 ➡p148
❺	底砂利	白砂利 ➡p149
	水草	人工水草
	金魚	紅葉琉金、更紗紅葉琉金、丹頂

人工水草にはいろいろなタイプがあるので、レイアウトに合わせて好みのものを選ぼう。

底砂利に白砂利を使うと、金魚のオレンジ色が鮮やかに見えてきれい。
ただ汚れが付きやすいので注意が必要。

金魚の飼育では水換えや水槽のそうじが欠かせませんが、小ぶりな水槽だと大きな水槽に比べて、お手入れがラクです。また水草も手入れの必要がない、人工水草を使用しています。初めて飼う人やお子さんの場合は、扱いやすいコンパクト水槽がおすすめです。

Point 温度管理をしっかりすればヒーターがなくてもOK

金魚は水温が高い、低いということよりも、急激な水温の変化が苦手です。水槽を置く部屋をエアコンなどで昼夜の温度差が出ないように温度管理をしておけば、ヒーターを取り付けなくても大丈夫です。

セッティングも手入れも簡単

オールインワン

10ℓ 水槽

金魚の数の目安 ● 小3〜4匹

❶ 水槽	オールインワン 32cm水槽 （W320×D180×H222mm、10ℓ） ➡p141	
❷ ろ過装置	底面式フィルター、側面フィルター ➡p146	
❸ 照明	LEDライト ➡p149	
❹ 水温計	ガラス棒水温計 ➡p148	
❺ 底砂利	黒砂利	
水草	カボンバ、アナカリス	
金魚	福ダルマ、ブロードテールキャリコ琉金	

小さめの水槽なので、小型の金魚2匹くらいを飼うのがおすすめ。

ろ過装置の作動音が静かで、リビングなどに水槽を置いても気にならない。

ろ過フィルターが内蔵されている、オールインワン水槽を使ったレイアウトです。見た目がスッキリしているので、リビングや書斎などにインテリアとして金魚水槽を置きたい、お子さんが子ども部屋で金魚を飼いたいという場合にも適しています。

Point 水量が少なめなので
こまめに水を換えよう

コンパクトな水槽なので、ろ過フィルターを回していても、エサの食べ残しやフンなどで、水が汚れてきます。1〜2週間に一度は水の交換を。1日前にフィルターそうじをしましょう。

上見での観賞に最適
睡蓮鉢
すいれんばち

14ℓ 円錐鉢

金魚の数の目安 ● 小4〜5匹
中2〜3匹

❶	睡蓮鉢	直径 390㎜ （W395×D395×H220㎜、14ℓ） ➡p141
❷	ろ過装置	投げ込み式フィルター ➡p145
❸	底砂利	大磯砂 ➡p149
	水草	マツモ、アナカリス
	金魚	更紗ランチュウ、丹頂

　四角いガラス水槽以外にも、金魚はさまざまな容器で飼うことができます。丸い睡蓮鉢は、上見を楽しむ金魚を泳がせるのに最適です。水草を浮かせて、金魚がのんびり泳ぐ様子を楽しみましょう。水草は根がない浮遊性のマツモなどを浮かべるのがおすすめです。

屋外で飼う場合は、ネコなどの外敵予防に保護ネットを付けておくと安心。

フィルターがあるので、金魚の数は少し多くてもいい。

水換えは2週間に1回くらいを目安に行う。フィルターそうじは前日に。

プラスチック製の睡蓮鉢。軽いので、水換えやそうじがラクにできる。

Point 底砂利の色で
違った雰囲気が楽しめる

　上見を楽しむ場合は、砂利が金魚の背景になるので、砂利の色でかなり雰囲気が変わります。白砂利や五色砂などを入れれば明るい雰囲気に、大磯砂などの暗い色だと金魚の鮮やかな色が引き立ちます。

◆ ベランダなどに出して
外で飼うこともできる

　ろ過装置やライトを取り付けなければ、ベランダや庭などに睡蓮鉢を出して飼うこともできます。ただし夏は日陰に置いて直射日光を防ぐなどして、水温が上がりすぎないよう注意しましょう。

大きめの陶器製の睡蓮鉢を使った例。ランチュウを何種類か入れている。

上見におすすめの金魚の一例

| ランチュウ | 水泡眼 | 頂天眼 |

137

昔ながらの風情を感じる

金魚鉢

4.3ℓ 金魚鉢

金魚の数の目安 ● 小２〜３匹
　　　　　　　　中１〜２匹

❶	金魚鉢	直径 210mm （W210×D210×H175mm、4.3ℓ） ➡p141
❷	ろ過装置	投げ込み式フィルター ➡p145
❸	底砂利	白砂利 ➡p149
	水草	バナナプラント
	金魚	竜眼（ドラゴンスケール系）、 黒出目金（ドラゴンスケール系）

　ガラスを巾着型にした金魚鉢は、江戸時代から伝わる飼育容器です。テーブルの上などに置いて手軽に金魚を観賞でき、上見も楽しみやすい形をしています。金魚の数は２〜３匹程度と少なめにして、水草を入れるのがおすすめです。

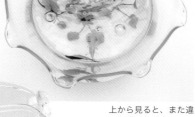

上から見ると、また違った雰囲気が楽しめておもしろい。

Point ### ろ過フィルターは
入れなくてもOK

　１〜２匹を飼うならば、ろ過フィルターを入れなくても、まめに水換えをすれば問題ありません。ただし、水温が高くなると酸欠になる可能性があるので、心配ならばエアポンプを入れてもいいでしょう。

デスクの上でも金魚が飼える
ボウルセット

2.8ℓ ボウル鉢

金魚の数の目安 ● 小1匹

❶	ボウル鉢	直径 180mm （W180×D180×H165mm、2.8ℓ）
❷	照明	LEDライト ➡p149
❸	底砂利	黒砂利
	水草	ミクロソリウム
	金魚	ショートテール琉金

　小さなプラスチック製のボウルに、金魚1匹と水草、底砂利を入れただけのシンプルなレイアウト。金魚を飼いたいけれど、水槽を置く場所がないという方にもおすすめ。LEDライトがセットになっていて、ボウル鉢の上部に挟むだけなのでセッティングも簡単です。

**Point　水が汚れやすいので
週一度は水換えを**

金魚1匹だけででも、エサの食べ残しやフンなどで、水は少しずつ汚れます。1週間に一度くらいを目安に水換えを。水を換えるときは、古い水をコップ1杯くらい入れるようにしましょう。バクテリアが残り、水質をよくしてくれます。

◆ **成長とともに
水槽サイズも見直しを**

飼い始めた頃は小さかった金魚も、成長とともに大きくなっていきます。品種にもよりますが、大きくなったら、水槽のサイズも見直す必要があります。このボウル鉢の場合は、金魚が5〜6cmくらいになったら、10ℓサイズ程度の水槽に移すようにしましょう。

サイズや形を考えて、水槽選びをしよう

飼う金魚に合った水槽を選ぶことが大事

金魚を飼育する容器は、ガラス製の水槽が一般的。ガラス製は丈夫で扱いやすく、そうじもしやすいのでおすすめです。いろいろなサイズがあるので、飼う金魚の数に合ったものを選びましょう。

なおガラス水槽は、金魚を横から見る「横見」で観賞するのに適しています。金魚の種類によっては、上から見る「上見」で楽しみたいものもいます。その場合は、高さを低くした「ランチュウ型」と呼ばれるガラス水槽や、睡蓮鉢で飼うといいでしょう。

ガラス水槽で横見を楽しむのが、一般的な飼い方です。

横見 がおすすめの金魚

◆ 和金型 ➡ 34 ページ
◆ 琉金型 ➡ 54 ページ
◆ オランダ獅子頭型 ➡ 68 ページ

ヒレをなびかせて泳ぐ姿を見るには、横見が適しています。また体の色や模様なども、横見だとよくわかります。

長いヒレを持つコメットは、横見でじっくり美しいヒレを観賞したい。

上見 がおすすめの金魚

◆ 丹頂 ➡ 76 ページ
◆ ランチュウ型 ➡ 82 ページ
◆ 頂天眼 ➡ 94 ページ
◆ 水泡眼 ➡ 96 ページ

ランチュウの仲間や目が上についている頂天眼や水泡眼、頭に肉瘤のある丹頂などは、上見で楽しみましょう。

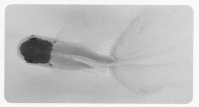

頭に赤い肉瘤がある丹頂は、オランダ獅子頭型の金魚ですが、上見がおすすめ。

金魚の飼育容器

◀ガラス水槽▶

丈夫で形もシンプルで扱いやすく、サイズが豊富なので、飼育する金魚の数に応じて選べます。観賞用にフチがないもの、角を丸くしたものなども出ています。

▶オールインワン水槽

ろ過装置やライトなど、水槽に合わせて必要なものがセットになったタイプ。小さめの金魚3〜4匹を飼うのにおすすめ。

◀睡蓮鉢

上見を観賞するための飼育容器。屋外で飼うこともできます。エアレーションをするか、水換えをこまめにして水質をきれいに保つようにしましょう。

▶金魚鉢

ガラス製の金魚鉢は、飼育用というよりは観賞用。小さめの金魚を2〜3匹入れて、泳ぐ姿を楽しみましょう。水換えをこまめにする必要があります。

◀大型プラスチック容器

プラ舟、トロ舟と呼ばれるセメントをこねるための容器。屋外の飼育で、上見を楽しむのに適しています。サイズも豊富で、ホームセンターなどで入手できます。

金魚の数によって、水槽サイズを選ぼう

飼う金魚の数や、レイアウトによって、適した水槽のサイズは変わってきます。シンプルなレイアウトで小さい金魚を3〜4匹飼うなら幅30cmの12ℓ水槽でOK。水草や流木などを入れて中サイズの金魚を数匹飼いたいなら、45cm以上の水槽が必要です。

また飼い始めは小さくても、成長とともに金魚は意外と大きくなります。水槽の大きさに対して金魚の数が多すぎると水質が悪くなりやすく、酸素不足の原因になります。金魚の成長に伴って、水槽のサイズを見直すことも考えておきましょう。

水槽に入れられる 金魚の数の目安

※金魚のサイズ／小：3〜5cm、中：5〜8cm、大：8cm以上

同じ品種でも、成長段階や飼育環境により、金魚のサイズにはかなり幅があります。金魚が大きくなったら、水槽もより大きなものを使うとよいでしょう。

7ℓ水槽
幅20 ×奥行20 ×高さ20cm

×1.5

小 1匹

12ℓ水槽
幅30 ×奥行20 ×高さ23cm

×2.5

小 2〜3匹

35ℓ水槽
幅45 ×奥行30 ×高さ30cm

×3.5

小 5〜6匹 or **中** 2〜4匹

60ℓ水槽
幅60 ×奥行30 ×高さ36cm

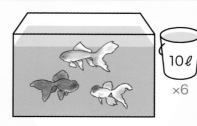

×6

小 6〜10匹 or **中** 4〜6匹 or **大** 2〜3匹

142

水槽の置き場所を考えておく

水槽は金魚が快適に過ごせる場所に設置したいもの。また60ℓ水槽に水を八分目まで入れたら、水の重さだけでも50kg近くになります。かなり重いので、土台のしっかりした場所を選びましょう。

水槽を置く場所は、直射日光が当たる場所や、部屋のドアなどの近くで人の出入りが多い場所、電気製品の上や近くなどは、避けましょう。メンテナンスを考えると、水道がある場所から近いほうが楽です。しかし、風呂場や洗面所の近くは湿度が高く、通気性が悪いので避けたほうがよいでしょう。

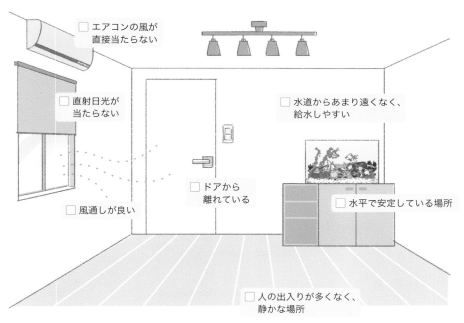

- ☐ エアコンの風が直接当たらない
- ☐ 直射日光が当たらない
- ☐ 水道からあまり遠くなく、給水しやすい
- ☐ ドアから離れている
- ☐ 風通しが良い
- ☐ 水平で安定している場所
- ☐ 人の出入りが多くなく、静かな場所

ここに注意

水槽の下には滑り止めシートを敷いておこう

地震が起こると、水槽も揺れて動いてしまい、中に入っている水や金魚などが外に出てしまう危険があります。また台の上から水槽が滑り落ちて、水槽が破損してしまったら大変です。こういったことを予防するために、水槽を設置する場所には滑り止めシートを敷いておくと安心です。

金魚の飼育に必要なグッズ

適切なグッズで、水槽の環境を快適に

金魚が快適に、健康に暮らせるように、水槽の環境を整えるためのグッズを準備しましょう。

気をつけたいポイントは「水質・水温・光」の３つです。水質を保つのに役立つろ過装置、水温を適温にするヒーター、水槽内に光を当てるライトなどは揃えたいグッズです。また底砂利や水草、流木や石なども、見た目をよくするだけでなく、水槽内の環境を自然に近づけることができます。

飼育グッズを活用して、快適な空間をつくってあげましょう。

グッズ

金魚の飼育グッズ

- ☐ 水槽
- ☐ 上ブタ
- ☐ ろ過装置
- ☐ エアポンプ
- ☐ エアチューブ
- ☐ エアストーン
- ☐ ヒーター
- ☐ 水温計
- ☐ ライト
- ☐ 底砂利
- ☐ コンディショナー
- ☐ アクセサリー（流木、石など）
- ☐ 人工水草
- ☐ ネット

ろ過装置 ▷ 水槽の大きさに合ったものを選ぼう

ろ過装置を使って
水槽の水質をキープ

　水槽内の水は、フンやエサの食べ残しで汚れがちです。水換えを定期的にする必要がありますが、手間がかかるので、ろ過装置を使って水質の悪化を防ぐようにしましょう。

　ろ過装置は水を循環させて、ろ材で汚れをこしとり、きれいになった水を水槽内に戻す装置です。水が戻ることで、エアレーション（酸素を送ること）の効果もあります。

　ろ過装置にはいろいろなタイプがあるので、水槽のサイズやそうじの手間、価格や扱いやすさなどを考えて選ぶようにしましょう。

ろ材

▶外掛け式フィルターの専用フィルター。活性炭が入っていて、水をきれいにしてくれる。

▲リング状のフィルターは、上部式や外部式フィルターなどで使用する。

ろ過装置の種類と仕組み

投げ込み式フィルター

スポンジ状のろ材が入ったフィルターを、エアポンプとエアチューブにつないで使用します。水槽内のフィルターに水を通し、ろ材を通して水を水槽内に戻します。

適した水槽
小型（30cmまで）
睡蓮鉢
金魚鉢

▲水槽のサイズや形状で大きさを選ぼう。薄型のものは、小さめの金魚鉢でも使いやすい。

145

外掛け式フィルター

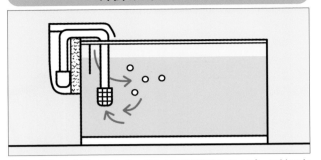

▶上部のフタを開けて、ろ材を交換するので、手間がかからない。

水槽の縁に、ろ過フィルターをかけて使用するタイプ。ろ材の交換が手軽に行えるので、人気があります。モーターを使用しているので、エアポンプで空気を送る音が静かです。

適した水槽
小型から
中型（45cm）まで

上部式フィルター

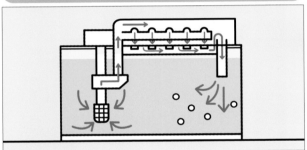

▲ろ過槽が大きいので、酸素を取り込みやすい。

水槽の上に、箱型のろ過槽をのせるタイプ。ポンプでくみ上げた水をフィルター内のウールマットやろ材を通して、水槽に戻します。ろ過能力が高いので、60cm水槽くらいまでに適しています。

適した水槽
中型（45cm）から
大型（60cm）まで

底面式フィルター

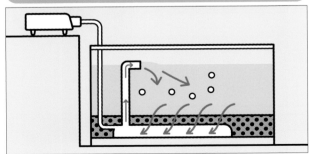

▶砂利の侵入を防ぐように、底部がボックスタイプになったものもある。

水槽の底にフィルターを置いて、その上に砂利を敷いて使用します。ろ材を通った水を吸い上げ、上部から水槽に戻します。見た目がすっきりしていて、価格も手頃ですが、そうじにはやや手間がかかります。

適した水槽
小型から
大型（60cm）まで

外部式フィルター

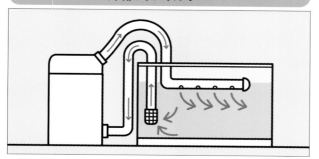

▲高いろ過能力があるので、大型の水槽で金魚を何匹か飼う場合に向いている。

水槽の外にろ過装置の本体をセットし、水槽から吸い上げた水をフィルターのろ材に通して、パイプから水槽内に戻します。ろ過能力がもっとも高いので、大型の水槽に向いています。

適した水槽
大型（60cm、90cm）

エアポンプ ▶ 水中に空気を送り込むための装置

投げ込み式、底面式などのろ過装置につないで使う

　エアポンプは、空気を水中に送り込み、酸素を供給する装置です。投げ込み式や、底面式のフィルターを動かす場合に必要になります。また、エアストーンをつないで、水槽内に細かい気泡で空気を送り込むエアレーションにも利用できます。大小さまざまなサイズのものがあるので、水槽の大きさや使いみちによって適したものを選ぶようにしましょう。

　気をつけたいのが、エアポンプの設置場所。水面より低い場所に設置すると、停電などでエアポンプが停止したときに、水が逆流してエアポンプの内部に入ってしまうことがあります。必ず水面よりも高い場所に設置しましょう。

▲**エアポンプ**
振動を軽減した静音タイプの製品は、作動音が気にならないのでおすすめ。

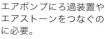

▶**エアストーン**
エアポンプとつなぐと、ごく小さな無数の穴から、細かい気泡が出てくる。水槽内への酸素の供給に役立つ。丸型、四角型、棒型などがある。

▲**エアチューブ**
エアポンプにろ過装置やエアストーンをつなぐのに必要。

147

ヒーター ▶ 水温を一定に保ち、冬でも快適に

サーモスタットを使うと温度管理がラクにできる

　ヒーターは水槽内の水を温めるための器具です。金魚は比較的寒さに強いですが、家の中に水槽を置いていても、冬は水槽内の水温が15℃以下になることもあるでしょう。金魚の飼育の適温は18〜20℃といわれています。水温が下がる冬場は、ヒーターを使って、水温を適温に保つようにしましょう。

　ヒーターは、サーモスタットという温度を感知する器具と一緒に使いましょう。サーモスタットを内蔵したものや、セットになっている製品を選ぶといいでしょう。なお水槽の大きさによって、適切なヒーターのワット数は変わってきます。下の図を目安に、水槽サイズに適したものを使用しましょう。

◀ヒーターとサーモスタットがセットになったタイプ。15℃から35℃までの温度設定が可能。

▶サーモスタットが不要の温度固定式オートヒーター。水温を26℃に自動的に調節してくれる。

▲ヒーターは水槽の下部に設置しよう。

■ 水槽サイズ別・最適ヒーターW数の目安

水槽サイズ	幅・奥行・高さ（mm）	水容量（ℓ）	ヒーターW数
30cm水槽	320×190×240	約12	50
45cm水槽	450×295×300	約35	100〜150
60cm水槽	600×295×360	約57	150〜200

※使用するヒーターのW数は、水槽の置かれた環境によって異なります。

水温計 ▶ 水温が適切かをチェック

水槽の見やすい位置に取り付けよう

　急激な水温の変化は、金魚の体調悪化の原因になります。水温計を水槽の正面など、見やすい場所に設置しておきましょう。朝夕エサをあげるときなどに、水温をチェックする習慣をつけておくといいでしょう。

▲デジタル表示の水温計。ソーラータイプで電池が不要。

▶適温が一目でわかる、文字の大きなガラス棒水温計。

ライト ▶ 金魚を美しく見せ、環境も整える

点灯、消灯することで一日のリズムができる

　金魚の水槽では、ライトを必ずつけなくてはいけないわけではありません。しかし、金魚の色が鮮やかに美しく見えるので、つけたほうがいいでしょう。また、朝点灯し、夕方消灯することで、金魚に一日のリズムができるというメリットもあります。水草を入れている場合は、成長させるためにも光が必要です。

　ライトは水槽のサイズに合わせたものが市販されているので、自分の家の水槽に合ったサイズのものを入手しましょう。オールインワン水槽では、専用のライトがセットされていることもあります。

▲水槽の上部に取り付けるタイプ。60cm水槽用。

▲20〜30cmの小ぶりな水槽用。サイズに応じて使い分けたい。

▲小さなボウル鉢などに便利な極小サイズのライト。

底砂利 ▶ 水槽の雰囲気を演出する

　金魚の水槽によく使われるのは、黒系統の大磯砂や、五色砂（ごしき）と呼ばれるカラフルな砂利などです。また真っ黒や真っ白の単色の底砂も市販されています。機能的には大きな違いはないので、水槽のレ イアウトを考えて、自分が好きな雰囲気になるものを選びましょう。ただし、粒が大きめの砂利だと、その隙間に食べ残しのエサなどが入り、汚れる原因になります。

▲**砂利型ろ過材**
水の汚れを吸着し、水草の栄養に変える砂利型のろ過材。底砂利として使うと、水槽をきれいに保ちやすくなる。

▲**大磯砂**
金魚の飼育によく使われる。黒がベースで白が混じる色合いで、金魚の色を鮮やかに見せてくれる。

▲**五色砂**
白ベースに赤や緑の色鮮やかな石が混ざっているタイプ。どんな金魚にもよく合う。

▲**白砂利**
白い底砂利にすると、水槽全体が明るい雰囲気に。黒っぽい金魚などがよく映える。

149

コンディショナー　水質を調整して、すみやすい水に

バクテリアや粘膜保護剤も必要に応じて活用

　金魚の水槽に入れる水は、水道水で大丈夫です。ただし塩素を除去する必要があるので、カルキ抜きなどの中和剤を使用しましょう。また体表の粘膜を守る粘膜保護剤は、金魚の健康を守るのに役立ちます。

　金魚の水槽は、バクテリアがアンモニアや亜硝酸などの有害物質を分解して水質を安定させています。バクテリアは自然に増えますが、市販のバクテリアを加えることで、より水質がよくなります。

◀カルキ抜き
国産品でさらにビタミンがプラスされている。容器も環境にやさしい。

▶バクテリア
バクテリアがアンモニアや亜硝酸などの有害物質を分解してくれる。

アクセサリー　好みの水槽にレイアウトできる

金魚の泳ぎを邪魔しないサイズや形のものを選んで

　126ページから紹介しているように、金魚の水槽ではいろいろなレイアウトを楽しめます。そのアクセントとなるのが、流木や石などです。飼育グッズを扱う店で入手できますが、石は天然のものを使用してもかまいません。流木や石は水槽に入れる前に、よく洗ってから使用しましょう。

　またバックスクリーンは、水槽の裏に貼って背景として使用します。青や黒などの単色のもののほか、水草がある風景写真がプリントされたものなどもあります。どんな水槽にしたいかに応じて、活用してみるのがおすすめです。

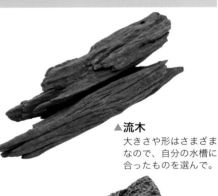

▲流木
大きさや形はさまざまなので、自分の水槽に合ったものを選んで。

▲石
自然の池の中のような雰囲気が演出できる。

▶バックスクリーン
水槽の後ろに貼ることで、背景がスッキリして金魚がより映える。

人工水草　手軽に使えて、手入れも簡単

サイズや種類が豊富に揃っている

　水槽に水草を入れたいけれど、メンテナンスが大変そう。そんな人におすすめなのが、人工水草です。本物の水草にそっくりに作られているので、水槽に入れるとよく映えます。また見た目がよくなるだけでなく、金魚の休憩場所や隠れ家にもなります。

▼金魚の体を傷つけない、柔らかい素材でできているものを選ぶようにしよう。

その他のグッズ　基本的なグッズに加えて、ほかにもあると便利なアイテムを紹介

そうじに便利なグッズ

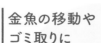

▶**水換え用ポンプ**
水換えのときは、ポンプを使うとラク。水槽を動かさないで、汚れた水をくみ上げ、新しい水を入れられる。サイフォンの原理で水を高い位置に吸い上げるので、水を入れるときは、水槽より高い位置にバケツなどを置く必要がある。

▲**砂利取り用スコップ**
水槽のそうじで、水を含んだ砂利を取り出すのは結構面倒なもの。メッシュ部分から水を逃がすそうじ用のスコップを使えば、効率よく砂利だけを取り除ける。

夏場の水温上昇を防ぐ

▶**ファン**
真夏など水温が上がりすぎる時期には、水中が酸素不足になる心配がある。水槽の縁にファンをつけて、風を水面に当てると水温が下がる。

金魚の移動やゴミ取りに

▶**ネット**
金魚を移動するとき、水槽内のゴミやエサの食べ残しなどを取り除くのにあると便利。ゴミ取り用の部品を先端に付けて、そうじに活用できるタイプの製品もある。

151

金魚に向く水草とその手入れ方法

丈夫で育てやすい水草を入れよう

水草を選ぶ際に気をつけたいのが、どのくらいの水温に適した種類かということ。金魚の水槽は熱帯魚の水槽より水温が低いことが多く、冬は15℃以下になることもあります。そのため、低温に弱い水草は、金魚の水槽には向きません。

また育てやすく丈夫な種類を選ぶことも大事です。水草の中には炭酸ガスの添加が必要なものもありますが、手間がかかるので、こういった種類は選ばないほうがいいでしょう。育てやすく丈夫な種類を選びましょう。

水草が入った水槽は見栄えがよく、水質が落ち着くというメリットも。

●水草にはこんな役割がある●

水槽を美しく演出

水草を入れることで、水槽が華やかになり、好みの雰囲気を演出できます。

光合成によって酸素を出す

植物は光合成によって、酸素を出します。水草もライトを当てることで、光合成によって水中の炭酸ガスを取り入れ、酸素を出しています。ただし、金魚が必要とする酸素の量は、水草だけでは十分ではないので、エアレーションが必要です。

産卵させる場合には必須

金魚のメスは水草に卵を産み付けます。繁殖させようと思うなら、水草が必要になります。

アナカリス

丈夫で入手しやすく、おすすめの水草。砂利に植えてライトを当てるだけで、枝分かれしてよく伸びます。ときどきトリミングを。
【原産地：北米】

カボンバ

金魚藻と呼ばれ、昔からポピュラーな水草です。よく繁殖して茂るので、水槽の背景に最適。金魚が食べるエサにもなります。
【原産地：北米】

マツモ

繊細な葉が美しい水草。根を持たずに成長しますが、適当な長さで切って茎を砂利に差し込んで使用することもできます。
【原産地：日本、熱帯地域】

アヌビアス・ナナ

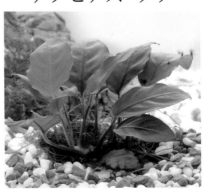

大きめの硬い葉を持ち、ヒーターのない水槽でも育ちます。流木や石に活着させるともちがよくなります。
【原産地：アフリカ西部】

Part 3 水槽セッティングと飼育グッズ　水草選び

153

水草を植えるときは、ただ砂利に差し込めばいいというものではありません。
事前に準備をして、しっかり定着するように植え方の基本を知っておきましょう。

1 水草をポットから出し、ウールをはずす

ポットに入った状態の水草は、ポットから取り出します。ロックウールは、指でていねいに取り除きます。細かい部分はピンセットを使うと便利。

2 板おもりをはずす

板おもりがついている場合は、根や茎を傷つけないように注意しながら、おもりを外します。

3 水できれいに洗う

水草には貝の卵や幼虫が付着していることがあるので、バケツの中でていねいに水洗いします。水に入れて浮かせるようにしながら、軽くゆするだけでOK。

4 水草をカットする

植え付ける前に、枯れたり傷んだりしている葉、根があれば、その部分はカットしておきましょう。根は植えやすい長さにカットします。

5 水草を植え込む

植え込むときは、砂利の中に根元を埋めるように、水槽の奥から水草を一本ずつ植えていきます。ピンセットを使って、浮かないようにしっかりと植えましょう。

水草のメンテナンス

水草が順調に成長し、伸びすぎてきたら、ときどきカットをしましょう。水面に届くほど伸びてしまうと、ライトの光をさえぎって、水槽内が暗くなってしまいます。また、あまり水草が茂りすぎると、金魚が泳いだり、エサを食べたりするのに邪魔になります。

泳ぎにくいなぁ…

●水換えをラクにする水草の植え込み方●

水槽は月に1〜2回は水換えをする必要があります。また、大そうじも2、3カ月に1回くらい行いたいもの。そのたびに水草を植え込み直すのは、手間がかかって大変です。そこでおすすめなのが、水草を小さな鉢に植えて入れる方法。また126ページのレイアウト例のように、流木に水草を黒糸でくくりつけておくと、根がついて後で糸は取れます。水換えやそうじのときは、流木ごと取り出せばいいのでお手軽です。

ここに注意

金魚が水草を散らかしてしまうときは葉が硬い水草や人工水草を活用

金魚は雑食性なので、水草を食べてしまうこともあります。小さな金魚や、おとなしいタイプの金魚はそれほど食べませんが、大きな和金などは食べることがあります。

水草を食べること自体は悪いことではありませんが、それによって水槽の中が汚れることもあるので、気になる場合はアヌビアス・ナナのような葉の硬いタイプの水草に換えてみましょう。また、食べられないプラスチック製の人工水草を利用するのもいいでしょう。

人工水草を使えば、水槽が汚れることがありません。

準備をしっかりして、水槽をセッティング

金魚を迎える1週間前には、グッズを揃えて準備を開始

基本パターンの水槽を例に、水槽セッティングの手順を紹介します。水槽の準備は、金魚を迎える1週間くらい前から始めましょう。セッティングが完了したら、しばらくフィルターやヒーターを回して、水温や水質を安定させておきます。環境を整えてから、金魚を水槽に入れることが大切です。

セッティングの下準備

必要なグッズを揃えたら、
水槽、フィルター、砂利や石などを洗って、下準備をしておきましょう。

1 水槽やフィルターをよく洗う

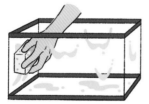

水槽やフィルターなどは、使用前によく水洗いして、ゴミや汚れを落としておきましょう。洗剤は少しでも成分が残っていると、金魚の健康に害を与えるため、使わないようにしましょう。

2 砂利をよく洗う

新しい砂利は、水に入れると濁りが出るため、念入りに洗っておきましょう。バケツなどに少量ずつ入れて、お米をとぐ要領で濁りが出なくなるまで水を換えながら、ていねいにすすぎましょう。

3 流木や石も洗っておく

流木はアクが出るものがあるので、1週間くらいバケツなどに入れて水につけておきましょう。市販のアク抜きを使ってもいいでしょう。石もよく水洗いしておきます。

◆ バックスクリーンを貼る場合

水槽の背面にバックスクリーンを貼ると、水槽の反対側が透けて見えないため、雰囲気がよくなります。バックスクリーンを貼る場合は、セッティングを始める前に貼っておきましょう。

水槽セッティングの手順

1 砂利を水槽に入れる

砂利をゆっくりと水槽の底に敷いていきます。ガラス水槽の場合、勢いよく入れるとヒビが入ったりするおそれがあるので、ボウルなどに入れて、少しずつ入れていくのがコツ。

2 フィルターをセット

フィルターを組み立てて、水槽の背面の上側にセットします。電源は抜いたまま、セットしましょう。

3 ろ材をセットしてふたをする

ろ材は水洗いしてから、セットします。こちらのフィルターは2種類のろ材を使用するので、順番に入れていきます。

4 水温計を取り付ける

水温の確認がしやすいように、水槽の手前側に取り付けます。

5 石、流木を入れる

石や流木を配置する位置を考えて、入れていきます。安定するように、底砂に少し埋めるようにしましょう。

6 ヒーターを取り付ける

ヒーターを水槽の下部に取り付けます。吸盤をしっかり水槽の壁に密着させて、動かないようにセットしましょう。

7 サーモスタットを取り付ける

サーモスタットの本体は、水槽の後ろの壁面などに吊るして設置します。センサーは、ヒーターとは反対側の水槽の壁面に取り付けます。

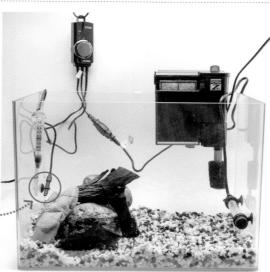

8 水を入れる

水を水槽の八分目くらいまで入れていきます。使用するのは、水道水でかまいません。ホースに吸盤をつけておくと、ある程度水が溜まったあとは、手でホースを持っていなくてもよくてラクに水が入れられます。

ボウルを使って、底砂には直接水をかけないように

水を入れるときに勢いよく底砂に水が当たると、砂利が舞い上がってしまいます。小さめのボウルなどを入れて、ここに水を入れていくようにしましょう。

9 水草を植える

水が溜まったら、水草を砂利に植えていきます。正面から確認しながら、配置を考えていきましょう。流木に水草を取り付けたものも入れます。

⑩ 水質安定剤を入れる

金魚に適した水にするために必要な水質安定剤（➡ 150 ページ）を、指定の量だけ入れていきます。新しい水にはバクテリアがいないので、市販されているバクテリアのもとを入れてもいいでしょう。

⑪ ライトを取り付ける

水槽の上部に、LED ライトを取り付けます。フィルターとぶつからないように位置を調整して、水槽全体をしっかり照らす場所に取り付けましょう。最後に上ブタをしてセッティング完了です。

Point セッティングが終わったら、作動確認を

ひと通りセッティングが終わったら、フィルターやヒーター、ライトの電源を入れて、きちんと作動しているか確認しましょう。

完成！

セッティングのコツ

手順の紹介で使用している外掛け式フィルターのほかにも、
いろいろなタイプのフィルターがあります。
種類によって、セッティングの手順が少し変わってくるので、
確認しておきましょう。

上部式フィルターの
セッティング

1 砂利や石などを入れた水槽の上部
にフィルターをのせて、ろ過槽に
ろ材を入れる。

2 ろ材の上にウールマットをのせて、
フィルターのフタをする。

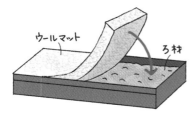

3 水を入れ、水草を植え、セットが
できたら電源を入れる。

外部式フィルターの
セッティング

1 ろ材を洗い、外部式フィルターに
セットする。

2 吸水パイプ、送水パイプを水を張
る前の水槽にセットする。

3 水を入れ、水草を植え、セットが
できたら電源を入れる。

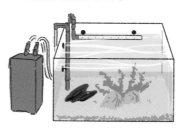

金魚を水槽に入れる手順と注意点

まずは「水合わせ」からスタート

金魚は丈夫な観賞魚ですが、水が原因で体調を悪くすることがあります。特に、飼い始めてまもなく死んでしまう場合は、水が変わったことによる環境の変化が原因として考えられます。

セッティングした水槽は金魚を入れる前に1週間くらいろ過装置を動かして、水を循環しておきましょう。こうして水質が安定してきてから、水槽に金魚を入れます。このときもいきなり入れずに「水合わせ」をして、少しずつ新しい環境にならしていきましょう。

金魚が快適に暮らせるように、少しずつならしていこう。

金魚を新しい環境にならす3ステップ

金魚を迎える1週間前にはグッズを揃えて、水槽をセッティング。
時間をかけて、金魚にとって快適な住環境を整えてあげましょう。

1

**水槽の
セッティングをする**

156～161ページの手順に沿って、水槽をセッティングしておく。

2

**1週間くらい
水を循環させる**

セッティングができたら、1週間くらい水を循環させる。こうすることで、水質が安定し、水草も定着してくる。

3

**水合わせをしてから
水槽に入れる**

新しい環境に金魚が少しずつなれるように、右ページの手順に従って「水合わせ」を行う。

水合わせの手順

1 水槽にビニール袋ごと浮かべる

金魚が入ったビニール袋を、袋ごと水槽に浮かべる。水温を同じにするために約30分（冬は1時間）おく。

2 袋を開けて、フチに止める

ビニール袋を開けて、水槽のフチにクリップなどで止める。このとき、袋の水が水槽に入らないように注意。

3 水槽の水をコップ1杯入れる

ビニール袋の中に、水槽の水をコップ1杯入れて、約5分おく。

コップ1杯の水を入れて約5分おくことを、3回繰り返す。金魚が口をパクパクさせているときは酸欠です。袋の水をコップですくい、ザーッと水を注ぎ戻して、酸素を補いましょう。

4 3回くらい繰り返す

5 金魚を水槽に入れる

ここに注意
ビニール袋の中の水は水槽に入れず、捨てるようにしましょう。

水槽に入れるときはネットですくって、1匹ずつ入れていく。

6 水を足して完了

水槽にコップですくって減った分の水を足して、上ブタをする。エサはすぐにあげずに、1〜2日して金魚が環境になれてから与える。

ベランダや庭で金魚を飼う

自然に近い環境で、のびのび泳がせられる

金魚を室内の水槽で飼うと、水温などの管理がしやすいというメリットがあります。しかし、どうしても家の中に置ける水槽の大きさには限界があり、飼育スペースが限られてしまいます。

その点、屋外ならより大きな飼育容器で金魚を飼えます。太陽光を浴びると、金魚は色が鮮やかになります。また繁殖を考えているなら、自然環境に近い屋外飼育のほうが、産卵しやすいので、成功しやすくなります。庭やベランダにスペースがある人には、屋外飼育もおすすめの飼い方の一つです。

屋外で広い飼育容器で飼うと、金魚ものびのび大きく成長します。

Point 屋外飼育のメリット

- [ ] 広いスペースでのびのび泳げる
- [ ] 太陽光を浴びることで、色がよくなる
- [ ] 繁殖をさせる場合、成功しやすくなる

屋外飼育におすすめの飼育容器

トロ舟

飼育容器は、軽くて扱いやすいものを使いましょう。特に丈夫で金魚の飼育に向いているのが、「トロ舟」と呼ばれるプラスチックケース。

プラスチックの衣装ケースでもいいのですが、強度や耐久性は、トロ舟のほうが高いのでおすすめです。ホームセンターなどで販売されていて、価格もお手頃です。

トロ舟は小さめのものから畳1枚分くらいの大きさまで、サイズはいろいろ。

屋外飼育の基本セッティング

● **水草を入れる**
水草は日陰を作り、
金魚の隠れ場所にも
なります。

● **すだれなどで
日陰を作る**
真夏は水温が上がりすぎない
ように、すだれなどで日陰を
作るようにしましょう。

● **エアレーションをする**
電源を確保できるなら、エア
ポンプとエアストーンを使っ
て、エアレーションを。水中
の酸素量が増えるので、水温
が上がり、酸欠になりやすい
夏の暑い時期でも安心です。

日当たりがよすぎないかに注意

太陽光は、金魚が色鮮やかに大きく成
長するために欠かせないものです。しか
し、あまり日当たりがよすぎても、昼夜
の温度差が大きくなってしまい、金魚が
体調を崩す原因になってしまいます。

飼育容器は、午前中の太陽光が当たる
場所に置くのが理想です。午後からの直
射日光や西日が当たる場所は、避けるよ
うにしましょう。

水換えはこまめに

ろ過装置をつけなくても、水換えをこ
まめにしていれば問題ありません。バケ
ツに水道水を入れてくみ置きして、飼育
容器のそばに置いておけば、水温も自然
に合い、中和剤も不要です。

水換えの頻度は、季節や金魚の数に
よって変わります。水の汚れ具合を見て、
2〜3日に一度半分交換する、1週間に
一度全交換するなど、自分のペースで行
いましょう。

季節に応じて必要なお世話をしてあげて

水温が管理された室内の水槽とは違い、屋外飼育では金魚の状態は季節によって変化します。様子をよく観察して、必要なお世話をしてあげましょう。

エサは
活動量に応じて増減

金魚は春から夏は活発に活動し、秋から冬の寒い時期にはほとんど動かなくなります。冬になって、金魚が水底でじっとするようになったら、エサやりは中止しましょう。冬の間は、水換えも必要ありません。寒いエリアでは、水が凍らないように注意しましょう。エアレーションしていると、水が凍りにくくなります。

春になって、水温が上がってきたら、少しずつ水換えをします。水温が10℃以上になり、金魚が動き出したら、エサやりを再開します。最初は量を少なめにして、少しずつエサを増やしていくのがポイントです。

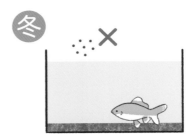

少しずつ水換え

水槽と同じ温度の水で水替えしましょう。

ここに注意

ネコやカラスから
金魚を守ってあげよう

金魚を外で飼うときは、外敵に狙われるおそれがあります。庭ならネコが狙いにくるかもしれません。マンションなどのベランダでも、カラスなどの鳥に注意が必要です。

特にネコが来そうな場所では、水槽に金網のフタをつけておくと安心です。飼育容器のまわりを金網の柵で囲んでもよいでしょう。

屋外飼育
Q&A

Q1 雨が降ってきたとき、雨水が飼育容器に入っても大丈夫ですか？

A 雨水自体は、金魚の健康に悪影響を及ぼすことはありません。少しくらい入っても大丈夫ですが、雨量が多いときは、水量が急激に増えて、金魚が外に逃げてしまうおそれがあります。飼育容器に金網でフタをしておくようにしましょう。

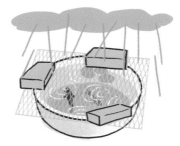

Q2 ろ過装置は使わなくて、大丈夫ですか？

A 大きめの飼育容器を使っていれば、水槽で飼うより水は汚れにくいので、ろ過装置を使わなくても大丈夫です。しかし、水換えの回数を減らしたいという場合は、投げ込み式のろ過装置を使うといいでしょう。

グリーンウォーターで飼育

　屋外で飼育していると、水が自然に緑色になってくることがあります。これは植物プランクトンのアオコが、大量に繁殖したためです。日当たりがいい場所で、ろ過装置をつけていない飼育容器では、自然とこのような「グリーンウォーター」になります。

　アオコは水草同様に、光合成をして酸素を出し、稚魚にはエサになります。ただし増えすぎてしまうのもよくないので、様子を見ながら半量くらいを目安に水換えをしましょう。

　この時、水槽と同じ温度の水を使うのがポイントです。

水換えは半量ずつ行おう

金魚を地震から守るには

いざというときのために地震対策を

2011年の東日本大震災のとき、大きな揺れによって水槽が台の上から動き、中に入っている金魚や水が外にあふれてしまい、大変だったという話を聞いたことがあります。地震が起きたときに一番怖いのが、水槽が割れたり、水があふれて金魚が外に飛び出したりしてしまうこと。まずは金魚の生活空間である水槽を、地震から守るための対策をしておきましょう。

対策❶　水槽を倒れにくくする

　まずは水槽を頑丈な台の上に設置するようにします。しかし、いくら土台が頑丈でも、水槽は通常は固定せずに、その上にのせているだけです。これでは、地震で強い揺れが起こると、水槽は滑り落ちて、割れてしまう危険があります。

　また水槽の上ブタもしっかりしておきましょう。

水槽の下には滑り止めシートを敷く

　台の上から水槽が滑り落ちないように、水槽を設置するときは滑り止めシートを敷くようにしましょう（→143ページ）。滑り止めシートはホームセンターや100均で手軽に入手できます。

水槽と水槽台を固定しておく

　水槽と水槽台を固定している人は少ないかもしれません。しかし、地震対策としてはとても効果的です。耐震バンドなどを使うか、水槽のサイズによっては、強力な両面テープで固定するだけでも効果があります。

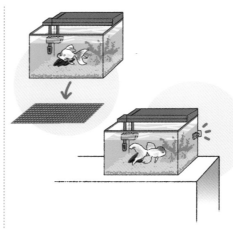

壁と水槽・水槽台を固定する

　金魚の水槽は、室内では壁沿いに置くことが多いと思います。地震対策用の家具転倒防止用のバンドや耐震ストッパーなどを使い、水槽や水槽台を壁に固定しておきましょう。

　ただし、水槽をしっかり固定してしまうと、水換えや水槽そうじのときに大変なので、取り外しがしやすいタイプのものを選ぶといいでしょう。

対策❷ 水槽の電源を守る方法を考えておく

ライトやろ過装置、ヒーターを作動するには、電源が不可欠です。電源を確保するために、水槽のすぐわきに延長コードなどを通している人も多いのではないでしょうか。地震が起きて水槽から水があふれ、コンセントに水がかかれば、電源がショートしてしまう危険があります。

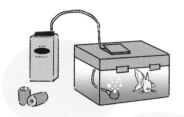

コンセント類は少しでも高い位置に

水槽を置いている台の上や、すぐわきの床などにはコンセント類は置かず、工夫して少し高い位置で、できるだけ水槽から離して設置しましょう。

また近くの壁にコンセントがある場合は、コンセントカバーをつけるなどして、万が一水がかかっても大丈夫なようにしておきましょう。コンセント用小型漏電ブレーカーもおすすめです。

停電に備えて電池式エアポンプを準備

停電が長時間に及び、ろ過装置が機能しなくなると、水槽内の水が汚れたり、

酸素が少なくなったりして、金魚の体調に悪影響を及ぼしてしまいます。

投げ込み式や底面式のろ過装置は、エアポンプにつないで使用しますが、電池式のものがあるので、これを用意しておくと安心です。また水槽内に酸素を供給するエアストーンはエアポンプとつなげば使えるので、非常用に用意しておくのもおすすめです。また、ビニール袋に金魚を入れ、携帯用の酸素ボンベで酸素を入れておくと、2～3日はもちます。

万が一被災したときのことを考えておこう

地震大国の日本では、突然大地震に見舞われる危険は、誰にでもあるといえるでしょう。そして、避難所などでの生活を余儀なくされる可能性もあります。避難所生活が長期間にわたる場合は、被災地から離れた場所に住む家族や知人などに金魚を預かってもらう必要が出てきます。まずは飼い主さんの安全優先ですが、金魚をどうするかも考えておくといいでしょう。

169

金魚のコンテスト「品評会」とは？

愛好会や生産者が主催し品種ごとに優勝魚を競う

　金魚は手軽に飼えるだけでなく、自分で繁殖してより美しい金魚を作るという楽しみもあります。全国各地に金魚の愛好会があり、品評会や即売会が行われています。

　品評会では品種ごとに、頭や背、ヒレの形、泳ぐ姿など、その品種の特徴がより美しく出ているかどうかを審査します。そして、多くの金魚の中から優勝魚が選ばれます。なお品評会には、飼育が難しい品種や一般のショップにはあまり流通していない高価な金魚が見られるという楽しみもあります。

主な金魚品評会とその内容をチェック

金魚日本一大会品評会

　日本で最も多くの金魚を生産している愛知県弥富市で開催される品評会です。今年生まれた金魚（当歳）の部、2歳以上（親魚）の部があり、品種ごとに審査されます。そして、各部門で優勝した金魚から、さらに日本一の「金魚日本一大賞」が選ばれます。2023年10月の大会では、697匹もの金魚が出品されました。

　開催予定●10月第4日曜日
　場　　所●海南こどもの国
　　　　　　〒490-1403　弥富市
　　　　　　鳥ケ地町二反田1238
　問合せ先●弥富金魚漁業協同組合
　　　　　　☎ 0567-65-1250

ランチュウは愛好家が多く、単独の品評会も行われている。

日本観賞魚フェア

　2024年で39回を迎えた品評会で、メダカの品評会も同時開催されています。金魚は36種別、親魚・二歳魚の2部門が設けられていて、それぞれの部門で優勝1点、準優勝1点が決められます。生体の販売や金魚すくいなども行われます。

　開催予定●4月末または5月
　場　　所●埼玉県養殖漁業協同組合
　　　　　　水産流通センター
　　　　　　〒347-0011　埼玉県加須市
　　　　　　北小浜1060
　問合せ先●埼玉県養殖漁業協同組合
　　　　　　☎ 0480-61-1151

参加しやすいイベントも開催されている

　大規模な品評会のほかに、日本らんちう協会が主催するランチュウのみで競い合う「日本らんちう協会品評大会」なども開催されています。また品評会は敷居が高いと感じる人向けには、「素人金魚名人戦」も行われています。まずは、このようなイベントに参加してみるのもおすすめです。

※上記の品評会の内容は変更されることがあります。

Part 4

お世話と
水槽メンテナンス

健康を守る
3つのお世話のポイント

金魚が元気でいるためには、毎日のお世話が欠かせません。
エサやり、ライトの点灯と消灯、そしてきれいな水を保つそうじ。
この3つをしっかりすることで、金魚の健康を守ることが
できます。

\ POINT / 1

金魚のエサは
人工飼料がおすすめ

金魚は雑食性の生き物です。ペット
の金魚には、栄養バランスの取れた人
工飼料を与えるのがおすすめです。

人工飼料には、水に浮くタイプや沈
むタイプ、細かい粒のものなどいろい
ろなタイプがあります。自分の飼って
いる金魚が食べやすいものをあげるよ
うにしましょう。また、イトミミズや
ミジンコ、アカムシなどの天然のエサ
は、金魚の食いつきがよく、水を汚さ
ないというメリットも。

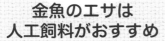
エサの種類と与え方 ➡ 174ページ

金魚に必要な 一日のお世話

☐ **朝起きたらライトをオン
その後、エサをあげる**

日中は明るく、夜は暗くして、生
活リズムをつけてあげましょう。
ライトをつけたら、金魚の様子を
チェック。エサもあげましょう。

☐ **エサは一日2回を目安に**

金魚にエサをあげる時間帯は、金
魚が活動的な朝から夕方が理想的。

☐ **夜になったらライトをオフ**

日が沈んであたりが暗くなってき
たら、金魚の水槽もライトを消し
てあげましょう。

おやすみ～
ライトをオフ！

金魚が食べやすいエサを
あげるようにして。

POINT 2

ライトのオンオフで 一日のリズムをつくる

　ライトは水槽の中にいる金魚をきれいに見せる効果がありますが、金魚に生活リズムをつける役割もあります。また日光の代わりとなり、水草の成長も助けます。点灯する時間は、朝から夜まで一日10時間、冬は一日8時間程度。タイマーを使って管理してもかまいません。

ライトは水槽をきれいに見せ、日光の代わりになります。

POINT 3

定期的な水換えと そうじで水槽をきれいに

　フンやエサの食べ残しで水槽内の水は少しずつ汚れていきます。水の汚れは、体調不良や病気の原因になるので、きれいな水を保てるように、メンテナンスしましょう。

　毎朝、金魚の様子をチェックするときに、目につく汚れがあったらネットで取り除きましょう。また、月1〜2回を目安に水換えを。さらに、2〜3カ月に一度は、水槽内のものをすべて取り出して、大そうじをしましょう。

水換え、大そうじのやり方 ➡ 180ページ

きれいな水槽で、金魚が健康に過ごせるようにしましょう。

エサの種類と あげ方をチェック

栄養バランスのとれた人工飼料がおすすめ

金魚の祖先であるフナは河川の下流から中流に生息し、水生昆虫の幼虫やイトミミズ、水草などを食べています。金魚もフナと同じように雑食性で、植物性、動物性、両方のエサを食べます。

手軽なのは、人工飼料です。栄養バランスが取れているので、これだけを与えていて大丈夫です。また金魚が好むミジンコ、イトミミズ、アカムシ（ユスリカの幼虫）などを乾燥した飼料もあります。生き餌をあげたい場合は、イトミミズはショップでも手軽に手に入ります。

ランチュウには、沈むタイプの人工飼料を。

天然飼料と生き餌

金魚が食べやすい生き餌には、イトミミズやミジンコ、アカムシと呼ばれるユスリカの幼虫などがあります。生き餌は金魚や熱帯魚の専門店などで扱っています。入手しにくい場合は、これらを乾燥させたタイプや冷凍のものなどもあるので、活用してみましょう。

また水草や水槽内のコケも金魚のエサになります。水草を食べ散らかされるのを防止するには、葉が硬い水草を入れるようにしましょう。

● **乾燥天然飼料**
ミジンコ、アカムシ、イトミミズなどを乾燥させたもの。少しずつあげられるので、使いやすい。

フリーズドライのミジンコ。

フリーズドライのアカムシ。

● **生き餌**
生きたイトミミズやアカムシを、金魚は好んで食べる。

イトミミズ

アカムシ

金魚のの種類

人工飼料

金魚に必要な栄養素が凝縮されています。粉末状、フレーク状、ペレット状などのタイプがあります。ランチュウ型の金魚は底に沈むタイプ、目が上向きの頂天眼、水泡眼などには浮くタイプのエサがよいでしょう。

消化をよくするために、善玉菌が入っている製品も多く見られます。また、金魚の体色を美しくする「色揚げ」成分が入っているものもあります。

人工飼料の特徴

- 栄養素がまんべんなく入っている
- 乾燥しているので、取り扱いがラク
- いろいろなタイプがあるので、金魚の特徴、体格に応じて選べる
- 量が調節しやすい

●粒状で浮くタイプ

最も一般的なエサ。食べ残しがひと目でわかるので便利。乳酸菌、納豆菌、酵母菌が配合されていて、お腹にやさしい。

●粒状で沈むタイプ

上を向くより下を向くほうが得意なランチュウなどの丸手の金魚に向いている。ゆっくり沈むので、金魚が食べやすい。

●フレークタイプ

薄くて柔らかいので、どの大きさの金魚にもおすすめ。しばらく浮いてから徐々に沈んでいく。においが広がり、金魚が寄り集まってくる。

エサは「控え目」を心がけよう

エサをあげようとすると寄ってくる金魚の姿は、かわいいものです。エサやりは、飼い主さんと金魚のコミュニケーションタイムでもあります。

ただし、エサの与えすぎは、金魚の健康を害する原因になります。金魚は胃を持っていないため、少しずつしかエサを食べません。食べ残したエサは水を汚す原因になるので、一度で食べ切る量をあげるようにしましょう。もともと金魚は、数日エサをあげなくても大丈夫。あげすぎよりは控え目を心がけましょう。

エサの食べすぎは病気の原因になることも。気をつけて。

あげ方の コツ …… ❶

すぐに食べ切るくらいの量をあげて

もう、おしまい！

金魚はエサの食いつきがいいので、いつもお腹をすかせているように見えます。ついたくさんエサをあげたくなりますが、1回の量は3〜5分で食べ切るくらいを目安にしましょう。

エサの量が多いと、水槽内に食べ残しが出ます。一見食べ切っているように見えても、溶けて残ったエサや金魚のフンが増えると、水質悪化の原因に。エサが残ったときは、ネットですくって水槽から出すようにしましょう。

ここに注意

エサの保存法に気をつけよう

人工飼料は、湿気に気をつければ長期保存が可能です。容器のフタをしっかり閉めて、保存するようにしましょう。

ただし、開封後は少しずつ酸化して、品質が落ちていくので、大量に買って長期保存するのは避けるようにしましょう。

あげ方の コツ …… ❷

基本は一日2回
金魚の様子を見て決める

エサやりは一日2回、朝夕にするのが基本です。金魚が活発に活動している朝9時から午後3時の間に、2回に分けてあげるのが理想です。金魚が静かにしている朝や夜は避けましょう。

なお一つの水槽に多くの金魚を飼っている場合は、食べる様子をよく観察しましょう。弱くてエサが食べられない金魚がいるようなら、一日2～3回に小分けにしてあげるのがおすすめ。全体量は増やさず、回数を多くして、食べられるチャンスを増やしてあげましょう。

あげ方の コツ …… ❸

寒くて活動しない時期は
エサやりは控えて

金魚のエサは、活動に合わせて量を調整するようにしましょう。金魚は変温動物なので、水温が低い時期には活動が減るからです。最も活発に動くのは、水温が15～28℃くらいの時期。春から秋にかけては、エサをたくさん食べるので普通にあげます。

水温が下がる秋から春の間は、エサを食べ残したり、食べても消化しづらくなったりします。ただし、室内飼育でヒーターで水温を管理している場合は、冬でもエサの量を減らす必要はありません。

留守にするとき、エサやりはどうしたらいいの？

旅行などで家を空けるとき、エサやりが気になりますが、金魚は夏の活動期でも一カ月くらいはエサをやらなくても大丈夫です。家に戻ったらふだんの2割くらいのエサを与え、数日かけてエサの量を戻していきます。急にたくさんエサをあげると、体調を崩したり、水が汚れてしまったりします。

長期間留守にする場合は、写真のような自動給餌器を利用すると便利です。タイマーで決まった時間に、エサを適量与えてくれるので安心。

自動給餌器

一日1回または2回、エサが自動的に出てくる。

朝夕に金魚や 水槽の状態を観察しよう

必要なお世話を毎日行い、金魚の様子も確認して

金魚は水槽や飼育容器の中で、生活しています。清潔で快適な環境をキープすることが、金魚の健康につながります。金魚に変わったところはないか、水槽の水は汚れていないか、グッズはきちんと作動しているかを毎日のお世話のついでに、チェックしましょう。

エサやりをするときなど、時間を決めて確認する習慣をつけておけば、忘れることがなくて安心です。そのときに水質が悪化していたり、金魚の様子が普段と違っていたりしたら、すぐに対応するようにしましょう。

泳ぎ方やエサの食べ具合などを観察しましょう。

チェック Point **水槽のチェックポイント**

- ☐ 水温は適温の範囲内（18〜20℃くらい）か

- ☐ 水が濁ったり、ゴミが浮いたりしていないか

- ☐ ライトはちゃんとついているか

- ☐ ろ過フィルターの吸い込み口がつまったりしていないか

- ☐ エアレーションをしている場合は、エアストーンから泡が出ているか

Check!

毎日のお世話の流れと確認事項

金魚のお世話の基本は、エサやり、ライトのオンオフ、水槽の水質・水温管理。
お世話しながら、6つのポイントをチェックしましょう。

1 ライトのオンオフ

朝と夕方、時間を決めて、水槽のライトをオンオフ。一日の点灯時間は、8〜10時間が目安です。仕事などで不在のことが多い場合は、タイマーで管理しましょう。

2 水温の確認

毎日のエサやりのときに、水温計をチェック。夏場は水温の上がりすぎに要注意。必要ならファン（➡ 151 ページ）をつけます。

3 金魚の状態

元気に泳いでいるか、体が傷ついたり、病気の兆候はないか（➡ 208 ページ）、何匹か飼っている場合はどの金魚もちゃんとエサを食べられているかを確認しましょう。

4 水草の状態

天然の水草を入れている場合は、溶けていたり、枯れてしまっていたりしていないかをチェック。先が枯れたり、伸びすぎていたらトリミングして整えましょう。

5 水の状態

左の「水槽のチェックポイント」を参考に、水が濁ったり、汚れが浮いたりしていないかチェック。汚れはネットですくって取り出し、水が汚れているようだったら水換え（➡ 181 ページ）を。

6 飼育グッズの点検

ヒーターやろ過装置はきちんと動いているか、ライトは暗くなったりしていないかなどを点検しましょう。

水槽の水換えと 大そうじの手順

水槽の状態を見て、水換えやそうじを

　金魚の水槽の水は、ろ過装置をつけていることで、ある程度はきれいに保てます。さらに水換えと水槽そうじを定期的にすることで、金魚が快適に暮らせる生活環境を維持できます。

　水換えの頻度は、ろ過装置をつけている水槽では月に１、２回が目安です。水槽の大そうじは２、３カ月に一度くらい行いましょう。

　ただし、水槽の大きさや飼っている金魚の数や大きさ、エサの量など、いろいろな条件によって汚れ具合は変わってきます。水槽の状態を見ながら、頻度を決めるようにしましょう。

何匹かを一緒に飼っている場合は、水が汚れやすいので気をつけて。

グッズ

水換えや水槽のそうじに必要なグッズ

- [ ] **水換え用ポンプ**（➡151ページ）
  水を抜いたり、新しい水を入れたりするときに使う。

- [ ] **バケツ**
  水換え中に金魚を移動させておいたり、新しい水を用意するときに役立つ。

- [ ] **ネット**（➡151ページ）
  エサの食べ残しやフン、ゴミを取り除くのに便利。

- [ ] **スポンジ**
  ガラス面のコケを落とすのに使う。

- [ ] **コケとり**
  ガラス面を滑らせて使用。きれいにコケが落とせる。

- [ ] **スポイト**
  日々のお世話のときに、フンやエサの食べ残しを取り除くのに便利。

- [ ] **歯ブラシ**
  グッズ類の細かい部分の汚れやコケ落としに。

- [ ] **砂利取り用スコップ**（➡151ページ）
  砂利を水槽から取り出すときにあると便利。

水換え ▶ 月に1、2回、1/3 から1/2 を入れ換える

バクテリアを守るために
前の水を残すのがポイント

　水換えには、1/3 から1/2 くらいの水を交換する部分水換えと、すべてを入れ換える2通りの方法があります。通常は、月に1、2回、部分水換えをすればOKです。いきなり新しい水にしてしまうと、水質が急激に変わってしまい、金魚に負担がかかります。

　また砂利やろ材には、バクテリアが生息していて、水質維持に役立っています。バクテリアを残すためにも、普段の水換えでは前の水を残すようにしましょう。

こんなときは、すぐに水換えを

夏場などは、水温が高くなり、水が汚れやすくなることがあります。下記のような状態になったら、すぐに水換えしましょう。

- ☐ 金魚が水面で口をパクパクさせて、鼻上げしている
- ☐ 水が白く濁っている
- ☐ ろ過装置やエアレーションから送り出された水でできた泡が、なかなか消えずに残っている
- ☐ 水がくさくなり、においが気になる

部分的な水換えの手順

1 コケや目立つゴミを取り除く

2 汚れた水を1/3〜1/2 ほどポンプで抜いて、バケツに入れて捨てる

3 新しい水をバケツに入れて水温を合わせ、中和剤で水質を調整してから水槽に入れる

新しい水

Point 水換えや大そうじ当日はエサやりを控える

　水換え後は、金魚は環境になれるのに精一杯で消化不良を起こしやすくなっています。水換えや大そうじの当日のエサやりは避けたほうがよいでしょう。

水槽の大きさや飼育状況によって違いはありますが、2、3カ月に1回を目安に、
水をすべて交換しましょう。飼育グッズ類や底砂利も洗い、清潔な環境にしてあげて。

 **電源を切って、
金魚を移動する**

 **水草や飼育グッズなどを
取り出す**

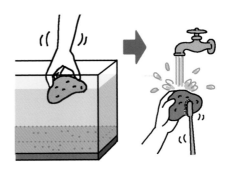

大そうじを始める前に、ろ過装置やライ
ト、ヒーターなどの電源をすべて切りま
しょう。ぬれた手で電気製品に触ると感
電のおそれがあるので、注意して。電源を
切ったら、金魚をバケツなどに移します。

中に入っている水草や飼育グッズ、流木
や石などのアクセサリーを取り出します。
取り出したグッズは、スポンジや歯ブラ
シを使って、水道水できれいに洗います。
このとき、洗剤は絶対に使わないで。

 **水を抜き、砂利を取り出し、
水道水で洗う**

水槽のコケを落とす

水換えポンプを使い、水槽の中の水を抜き
ます。水が抜けたら、砂利取り用スコップ
などを使い砂利を取り出し、バケツなどに
入れて水道水で軽く汚れを洗い流します。
そのあとバクテリアを残すために、水槽に
入っていた水で砂利を軽くすすぎます。

水と砂利が抜けたら、水槽の内側をスポ
ンジなどできれいにします。ガラス面に
付いたコケは、コケ取り用のグッズを使
うと便利。

⑤ 新しい水を入れる

洗った砂利を水槽に戻し、新しい水を入れていきます。水道水でOKですが、金魚のバケツの水と水温を合わせて、中和剤を入れてから水槽に入れるようにしましょう。

⑥ グッズをセットし、金魚を戻す

洗ったグッズや水草、アクセサリーなどを元に戻します。ろ過装置をセットしてしばらく水を回してから、金魚を戻しましょう。

大そうじするときの注意点

★ 洗剤は絶対に使わない

水槽をきれいにしようとして、洗剤を使おうと思う人がいるかもしれませんが、これは絶対にしないで。少しでも洗剤成分が残っていると、金魚の体調に悪影響を及ぼします。

★ 始める前と終わったあと、手を洗う

そうじを始める前には、手をきれいに洗っておきましょう。ハンドクリームや化粧品などが付着した手で、水槽の水に触れると、金魚が体調を崩す原因になることも。またそうじのあとも、汚れが残らないように、しっかり手洗いを。

★ 大そうじ中に金魚が行方不明にならないように注意

水槽から取り出した金魚はバケツに入れて、大そうじ中は避難させておきます。ただし、和金などの動きが敏捷な品種だと、バケツから飛び出して行方不明になってしまうことも。必ずバケツにはフタをしておきましょう。

水換えや大そうじと別の日に行うといい

ろ過装置は、定期的に装置そのものと、汚れがたまったろ材をきれいにします。フィルターのろ材にはバクテリアが繁殖していて、金魚のフンやエサの食べ残しなどの有機物を分解する働きがあります。このバクテリアを守るために、フィルターそうじは水換えや大そうじとは別の日に行うようにしましょう。

外掛け式フィルターのろ材は使い捨てですが、古い水のうちにろ材を交換し、後日、水換えするようにしましょう。こうすることで、水槽内のバクテリアが守られます。

フィルターをきれいに保ち、水質管理をしっかりと。

●外掛け式フィルターのそうじ

装置の内部を水洗いして、ろ材を交換する。

●上部式フィルターのそうじ

マットやろ材を水槽の中の飼育水ですすぎ、汚れた水は捨てる。マットは1カ月を目安に、1枚ずつ新しいものに交換。

●外部式フィルターのそうじ

装置の内部を水洗いして、ろ材を水槽の中の飼育水ですすぎ、汚れた水を捨てる。

●底面式フィルターのそうじ

砂利とフィルターを取り出し、砂利を飼育水ですすぐ。底面式フィルターのそうじは大そうじと同時に行うことになるので、必ず飼育水ですすぐようにする。

水槽の水を
汚れにくくする

飼育の工夫

水換えや大そうじをラクにするために、
日頃から水槽の水が汚れにくい状態になるように、
気をつけておきましょう。
水換えのとき、バクテリアを入れるのもおすすめです。

エサの与えすぎに
注意する

　水槽の水の汚れの大きな原因が、
エサの与えすぎ。食べ残したエサは
水槽の底に沈殿し、水質を悪くする
原因になります。エサをあげるとき
は、3〜5分で食べ切る量を目安に
して、与えすぎに注意。

エサの与えすぎ

直射日光が当たらない
場所に水槽を置く

　コケは植物なので、光合成をしま
す。そのため、日光が当たれば当た
るほど繁殖してしまいます。直射日
光が当たりにくい場所に水槽を置き
ましょう。

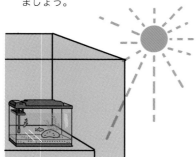

コケを食べてくれる
生物を一緒に飼う

　ある程度の大きさの水槽の場合は、
水槽内のコケを食べる生物を一緒に
飼うと、大そうじがラクになります。
石巻貝やヤマトヌマエビなどは、熱
帯魚店などで入手できます。ただし
入れすぎると逆にフンなどが原因で
水質が悪化することがあるので、適
度な数を入れるようにしましょう。

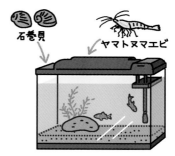

石巻貝　　ヤマトヌマエビ

Point 水を換えたら、
白く濁った!?

　水換えや大そうじのあとに、水槽の水
が急に白く濁ったら、きれいに洗いすぎ
たことが原因かもしれません。ろ過フィ
ルターのそうじと水換えを同時にしてし
まうと、水が白くなることがあります。
しかし、ろ過装置を回しておくと元に戻
るので心配しなくて大丈夫です。

　何もしていないのに一晩で急に水が白
くなった場合は、金魚が産卵しているの
かもしれません（→ 201 ページ）。白い泡
が立ったり、水草に卵がついたりしてい
ないか、確認してみましょう。

季節に合わせて　必要な世話を

適切な水温を保つことが一番大事

　四季を通じての金魚のお世話で、最も気をつけたいのは、水温の変化です。金魚は水温の急激な変化が苦手で、体調を崩す原因になります。季節の変わり目などは、特に注意して様子をみるようにしましょう。水温が下がる秋から冬、春先まではヒーターをうまく活用して、水温が一定になるようにしておくことが大事です。

　なお屋外で飼育する場合は、より季節の影響を受けることになります。自然に近い形で過ごすため、冬越しをしたあと、春には繁殖（➡ 198ページ）も見られます。

水温を快適に保ち、金魚が元気に過ごせるようにお世話しましょう。

気温が安定するまで、水温管理に注意　春

水温をチェックしてヒーターをはずす

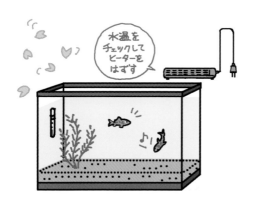

　春は金魚にとって、過ごしやすい季節。水槽にヒーターを入れている場合は、夜の水温をチェックしましょう。暖かくなってきて、水温が昼夜で大きく変わらなくなってきたら、ヒーターを外しても大丈夫です。

　なお春は、寄生虫が発生しやすい時期です。病気にかかりやすいので、体調の変化がないかをチェックして。

夏 暑さと水の汚れ対策をしっかり

　水温が急上昇しないように、水槽に直射日光が当たらないように注意して。水温が高くなると、水中の酸素量が減り、水質の悪化が早まります。金魚の適水温は 28℃くらいまで。水槽を風通しのよい場所に置いたり、エアコンで室温を管理したりして、水温が 30℃を超えないように気をつけましょう。水槽用のファン（➡ 151ページ）も活用しましょう。

　屋外で飼っている場合はすだれをつけるなどして、日陰ができるようにしてください。

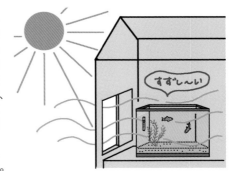

白点病などの病気に気をつけて 秋

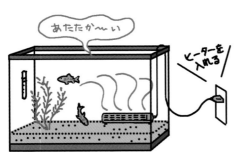

　金魚にとって一番過ごしやすい季節で、エサもよく食べます。しかし、白点病などの寄生虫による病気が発生しやすい時期なので、気をつけましょう。冬が近づいてきて、水温が10℃以下になるようならヒーターを入れ、15〜20℃くらいにするのがおすすめです。

冬 ヒーターで水温を保って、活動的に

　金魚は水温が下がると次第に活動が鈍くなり、水温10℃以下ではエサもほとんど食べなくなります。水温 5℃以下では、冬眠状態に入ります。屋外で飼っているなら、そのまま冬越しをさせてもOKです。

　室内の水槽で飼う場合は、ヒーターを使って15〜20℃くらいに水温を保ちましょう。ほかの季節と変わらず、活動的に過ごせます。

金魚との暮らし 何でも Q&A

Q1 | 金魚を飼うのは初めてですが、おすすめの品種は？

A 丈夫な「和金型」がおすすめ

　和金型（➡ 34 ページ）の金魚は祖先のフナに近い品種で、比較的丈夫で初めて飼う人にも向いています。和金やコメット、朱文金など、いろいろな種類がいるので、好みの金魚を探してください。

　ほかのタイプの金魚にも飼いやすい品種はいますが、背ビレのないランチュウ型などの金魚は、飼育に注意が必要です。

　また頂天眼や水泡眼、花房など、体に突出した部分がある品種は、その部分を傷つけないように気をつけましょう。ほかの品種と一緒に飼わないほうが安心です。

コメットなどの和金型の金魚は丈夫で飼いやすい。

Q2 | 金魚は1匹で飼っても寂しくないですか？

A 集団生活が好きですが、最初は少な目に飼ったほうが安心

　金魚の祖先のフナは、群れで生活する習性があります。金魚も基本的には集団生活が好きです。ただし複数飼育は、大きめの水槽が必要になり、水槽内の水が汚れやすく、水槽管理に手間がかかります。最初は1～3匹くらいを飼うのがよいでしょう。

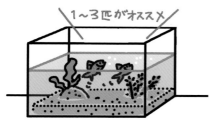
1～3匹がオススメ

Q3 | 金魚の寿命は何年くらいですか？

A 個体差はありますが、10～15年生きる個体も

　金魚すくいで入手した金魚は、しばらくすると死んでしまうことがあるので、「金魚は短命」と思っている人も多いのでは？　しかししっかりお世話してあげると、丈夫な品種であれば個体差はありますが、10～15年くらい生きることも珍しくありません。

このコは、おじいちゃん金魚15才！

こちらを向いて泳いできてくれる姿は、とても愛らしい。

Q4 金魚は人になつきますか？

A 慣れてくると、エサをあげるときに近寄ってくる

　毎日お世話していると、金魚は飼い主に慣れてきます。エサをあげようとして水槽に近づくだけで、向こうから寄ってきてくれるようになります。

　エサやりは、飼い主さんと金魚のコミュニケーションタイム。ただエサをあげるだけでなく、じっくりかわいい金魚の姿を楽しむ時間にするといいですね。

Q5 幼児がいますが、金魚を飼ううえで注意することはありますか？

A 水槽の位置や、エサのあげすぎに注意

　金魚は飼育がそれほど難しくないので、大人が見守ってあげれば、子どもでも飼うことができます。

　ただ、小さい子どもは小さな水槽だったらひっくり返してしまったり、水槽の中の金魚をさわろうとしたりすることもあるかもしれません。水槽は子どもの手の届かない場所にセットしましょう。

　また、エサの量の調節がわからずに、エサをあげすぎてしまうこともあります。計量スプーンなどで適量をあげるように教えてあげるといいですね。

子どもが飼うなら、水槽管理がしやすいコンパクトな水槽を。

189

Q6 | 引っ越しをすることになりました。金魚の移動はどうすればいいでしょうか？

A 振動や温度差に注意して運ぶ

水槽に入れたまま運ぶのは、移動も大変ですし、振動が伝わりやすいので避けましょう。大きめのビニール袋に金魚を入れて、酸素を送り込んだあと、口をしっかりしばります。ショップで酸素を入れてもらうか、携帯用酸素ボンベを使うと便利です。

ビニール袋は直接荷台などに置かず、人が箱などに入れて抱えて運びます。引っ越し先では、水槽をセッティングしたあと、しばらくろ過装置を回し、水合わせ（➡162ページ）をしてから金魚を入れましょう。急激な温度差は金魚の体調を悪くする原因になるので、水温も適温になるように注意して。

酸素を送りこんで"しばる

発泡スチロールなどの箱

Q8 | 他のペットと金魚を一種に飼うことはできますか？

A ネコを飼う場合は注意が必要

イヌや小鳥、ウサギ、ハムスターなどは、金魚を狙うことはないので、一緒に飼っても問題ありません。

ネコは金魚を獲物として狙ってくるので、注意が必要です。金魚の水槽がある部屋には入れないようにして、水槽には必ずフタをしておくようにしましょう。

Q7 | 旅行で留守にしますが、どんな準備が必要ですか？

A 1週間以内ならエサなしでも大丈夫

金魚は1週間くらいであれば、エサをあげなくても大丈夫です。それでも心配な人は、自動給餌器（➡177ページ）で留守中も時間を決めてエサをあげられるようにしておきましょう。

またろ過装置とエアポンプのスイッチは入れたままにして、ライトはタイマーで管理するか、消したままにしておいてもかまいません。

金魚の部屋

NO!

フタをする！

Q9 金魚が水面からジャンプします。なぜですか？

A 寄生虫がついている可能性も

　頻繁にジャンプを繰り返す場合は、寄生虫が体について、苦しんでいる可能性も。薬浴（➡216ページ）をさせるなどして、様子をみましょう。

　なお元気があって、ジャンプしていることもあるので、金魚が飛び出してしまわないように、水槽にはフタをしておきましょう。

Q10 金魚の写真を撮りたいのですが、なかなかうまく撮れません。

A 動きを予測して撮るといい

　素早く動き回る金魚を上手に撮るのは、難しいものです。いくつか撮影する際のポイントを紹介します。

●水や水槽をきれいにする

　水が濁っていたり、水槽の壁面が汚れていたりすると、きれいな写真が撮れません。

背景を水草にすると、映える写真が撮れます。

●水草をバックに撮る

　緑色の水草が背景になると、金魚の体色がより鮮やかに見えます。

●ピントを金魚の目に合わせる

　目にピントが合っていると、鱗がぼけていても気になりません。

●一眼レフやミラーレス一眼カメラを使ってみる

　スマホのカメラでも撮影できますが、一眼レフやミラーレス一眼カメラを使うと、シャッタースピードを速く設定できるので、よりシャープな写真が撮れます。

●金魚の動きを予測する

　一番大事なのは、金魚の動きをよく見て、撮影すること。水草の前など、金魚が映える最適なポジションにいるところを撮影すると、いい写真になります。

　また、何度も撮影することで、シャッターを押すタイミングがわかるようになってきます。楽しみながら、金魚の撮影にチャレンジしてみましょう。

金魚の色の不思議

生まれたときはフナのような色

　金魚が生まれてすぐのときは、どの品種の金魚も祖先のフナのような黒っぽい色をしています。この黒子の状態から色が抜けて、赤や更紗など本来の金魚の色になることを「退色」といいます。

　通常はふ化して２カ月から半年で退色します。しかし、まれに退色が起こらない個体や、遅い個体もいます。また、何年か経ってから色が抜けていくこともあり、それも退色と呼ばれます。

体色のもととなる色素細胞は３種類

　金魚の体色のもとになるのは、黒色素胞（こくしきそほう）、黄（赤）色素胞（こうしきそほう）、虹色素胞（こうしきそほう）の３種類のみ。これらの有無と組み合わせによって、バリエーション豊かなカラーリングが生み出されています。

　稚魚の色は黒色素胞によるもので、成長とともに黄（赤）色素胞や虹色素胞が増えて、それぞれの品種の色に変わっていきます。

　ちなみに金魚に多く見られる赤と白の更紗には、赤い部分には黄（赤）色素胞が存在し、黒色素胞は存在しません。白い部分には、黄（赤）色素胞も黒色素胞もありません。

　また最近増えてきた「イエロー○○」などの名前がつく黄色い金魚は、黄（赤）色素胞が薄い黄色になる遺伝的な素質があると思われます。

　なお、金魚の体色は成長とともに、エサや飼育環境によって変化することがあります。

青色の金魚の色はどうやってできている？

　金魚といえば赤と白、まれに黒などが見られますが、青文魚（→81ページ）や秋錦（→90ページ）など青みがかった金魚もいます。

　青というよりは、銀色に近いメタリックな色合いですが、これらの青色の金魚は黒色素胞が多く、黄（赤）色素胞はほとんどありません。どのようにこのような色になるのかは、はっきりわかっていません。

青というよりは、いぶし銀のような体色の青秋錦。

「六鱗」の地金は調色で作られる

　地金（→50ページ）は、口先、背ビレ、胸ビレ、腹ビレ、尻ビレ、尾ビレの６カ所に赤色が入った「六鱗」という模様をしています。これは自然にできあがったものではなく、「調色」という技術によって作られています。

　幼魚の体色がフナ色から赤く変わる頃に、木のへらや人間の爪で白くしたい場所の鱗をはがして、色素胞を除去します。これを調色といって、これによって六鱗模様の地金ができあがります。

Part

5

かわいい金魚を
増やしてみよう

金魚を繁殖し、育てる
3つのポイント

金魚を増やすことは、それほど難しくありません。
自分で繁殖させて育てた金魚は、とてもかわいいもの。
ぜひトライしてみましょう。

＼POINT／
1

繁殖期は春
3〜6月頃がピーク

　春になり水温が暖かくなってくると、金魚の繁殖期が始まります。金魚は四季の移り変わりによる温度や日照時間、水の変化などによって、自然に繁殖します。

　繁殖時期は気候の違いで地域差がありますが、だいたい3月下旬から6月頃まで。気温が20℃弱になる頃が、繁殖が始まる目安になります。繁殖を考えている人は、春になる前に準備をしておきましょう。

水槽の中の水草に、金魚は卵を産みつけます。

繁殖の条件

金魚はこのような条件がそろうと、
繁殖行動を始めます。

◆

☐ **生後一年以上経っている**

中には生後半年で繁殖する場合もある。

☐ **十分な栄養状態であること**

ただし、脂肪過多だと繁殖能力が抑制されることがある。

☐ **成熟したオスとメス1匹以上**

できればオスは複数のほうが、繁殖が活発になりやすい。

☐ **水草や市販の産卵床など、体をこすりつけるものがある**

金魚は水草などを魚巣にして、卵を産みつける。

POINT 2

室内で行う場合は
水温の管理をしっかり

　繁殖をさせたいならば、屋外飼育のほうが簡単にできます。季節の移り変わりによる日照時間の変化や水温の上昇が自然に起こり、繁殖行動を促してくれるからです。

　しかし、室内の水槽飼育でも繁殖はできます。水温管理をして冬から春への水温の変化をつければ、季節が変わったことを察知して、金魚は繁殖を始めます。

室内での繁殖は水温の管理が大切。水温計でしっかりチェックしよう。

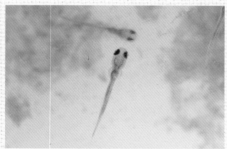

ふ化してまだ2日目の稚魚。体が透き通っています。

ふ化後5日目の稚魚。エサを求めて泳ぎ始めます。

POINT 3

稚魚には成長段階に
合ったエサをあげよう

　産みつけられた卵は数日でふ化し、かわいい金魚の赤ちゃんが誕生します。生まれたばかりの稚魚は、大きさわずか4、5ミリほど。はじめの2、3日は泳がず、エサを食べませんが、3日後くらいから泳ぎ始めます。エサは稚魚にいいブラインシュリンプを与えます。

　そして、10〜15日ほど経ったら、市販の乾燥飼料に切り替えます。さらに生後2カ月頃から、赤、白、オレンジなどの体色が出てきて、本来の品種の色に変わっていきます。元気に育つように、成長を見守っていきましょう。

健康な親魚の ペアを選ぼう

繁殖に適したオスとメスを選ぶ

　金魚の祖先のフナは、自然界で種を残すためにたくさんの卵を産みます。金魚も多産系で、春に生まれた稚魚たちは、その年の冬を越すと、繁殖行動が可能になります。

　ただ、受精率が高く健康な金魚を増やそうと思うなら、メスは3〜5歳、オスは2〜4歳がよいとされています。親魚にする金魚は、健康なものを選びましょう。また、より美しい金魚を育てたいと思うなら、その品種らしい姿形をした個体を選ぶことが大切です。

親魚にする金魚は、健康な個体を選びましょう。

●金魚のオスとメスの見分け方●

金魚のオス、メスは、生殖孔を見て区別します。

オス

ランチュウのオス。生殖孔がメスより小さく、楕円形をしている。

メス

ランチュウのメス。生殖孔がオスより大きく、出っ張っている。

繁殖期になると体に変化が起きる

繁殖させる前は、オスとメスは水槽を分けて飼育します。繁殖期が近づくと、オスのエラや各ヒレには、「追い星」と呼ばれる白い点々が出てきます。追い星の出たオスは、メスを追い回すようになり、お腹をつつくなどして産卵を促します。

また、産卵期のメスはお腹が柔らかくふくらみ、産卵できる状態になると、小さな刺激でもすぐに産卵します。このタイミングで、オスとメスを同じ水槽に入れるのがポイントです。

エラぶたの白い点々が追い星。サクラコメットのオス。

金魚の産卵までの流れ

●**オスがメスを追いかけ回す**
追い星が出たオスは、メスを追いかけまわし、お腹をつつくなどして、産卵を促します。

●**メスが卵を産みつけ、オスが射精する**
うまくすれば、翌朝にはメスが水草に体をこすりつけるようにして産卵して、そこにオスが射精します。

金魚は1回に5000個ほどの卵を産む!?

金魚は多産で、1回に数百個から多いときは5000個もの卵を産むといわれます。しかし、卵のすべてがふ化するわけではありません。受精しなかった卵は白濁します。受精卵は透明で、次第に稚魚の形がわかるようになります。

屋外での繁殖の
方法と注意点

繁殖を目的に飼うなら屋外飼育がおすすめ

　屋外の水槽で飼育すれば、金魚は水温や日照時間の変化などを体感して、自然に産卵しやすくなります。プラ舟（→141ページ）などの大きめの容器を使い、複数のオス、メスを飼いましょう。

　繁殖シーズンが近づいたら、その中から親魚にするオス、メスを1匹ずつ選び、産卵用の水槽に移します。受精の確率を高めるために、メス1匹、オス2匹にしてもかまいません。

屋外で複数を飼育すると、自然に産卵しやすくなる。

Point

産卵用水槽 準備のポイント

魚巣を入れ、ろ過装置は使わない

　金魚は水草などに産卵します。産卵用の水槽には、水草や市販の魚巣、ビニールテープを割いて作った魚巣などを入れておきましょう。

　また卵を吸い込んでしまうので、ろ過装置は使用しないようにします。

魚巣

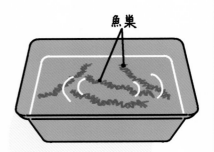

ふ化用の水槽を別に用意しておく

　産卵を確認したら、卵がついた水草などの魚巣は、ふ化用の水槽にすぐに移しましょう。親魚が卵を食べてしまうおそれがあります。

屋外飼育で繁殖する手順

 オスとメスを分ける

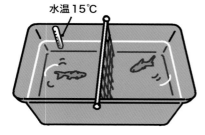

水温15℃

水温が15℃くらいの時期に、水槽内を網などで仕切り、オスとメスを分けます。こうすることで、繁殖のタイミングをコントロールできます。

 オスとメスを一緒にする

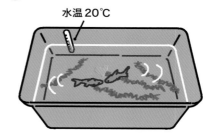

水温20℃

水温が20℃くらいに上がった頃に、仕切りを外して水換えをします。オス、メスのペアを一緒にして、水草などの魚巣を入れます。ペアを入れるのは18時頃がベスト。

 産卵したら魚巣を取り出す

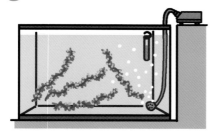

金魚は早朝に産卵します。朝になったら、産卵しているかをチェック。卵がついていたら魚巣を取り出します。エアレーションを入れ、細菌性感染症を防ぐ薬（➡217ページ）を入れたふ化用水槽に移します。

4 産卵後はオスとメスを分ける

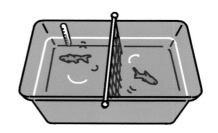

産卵後の金魚は、体力を消耗しています。産卵させた水槽の水換えをして、仕切りを入れ、親魚はオスとメスを分けてゆっくり休ませましょう。

Point 産卵が確認できなかったら…

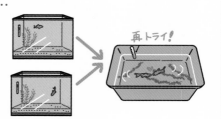

再トライ！

2日経っても産卵しない場合は、オスとメスを別々にして、数日後に再びトライしてみましょう。メスを別の個体に代えてみるのもおすすめです。

Part 5 かわいい金魚を増やしてみよう

繁殖の手順……❶

室内での繁殖の 方法と注意点

水温調節で繁殖を促すのがポイント

　室内の水槽で飼育していると、自然に産卵することは少ないようです。一番の原因は、水温にあります。室内の水槽で、ヒーターを入れて飼っていると、冬の寒さを感じることがなく、春になっても環境が変わることはありません。

　さらに太陽光の代わりにライトが一年を通して点灯されているので、自然の繁殖リズムが作りにくい環境だといえます。繁殖させるには、水温を調節して、季節の変化を感じさせる必要があります。

水温を管理して、金魚に季節の変化を感じさせることがポイントです。

室内での繁殖 準備のコツ

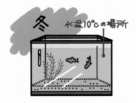

冬　水温10℃の場所

冬は水温が低くなる場所に水槽を置く

　冬はヒーターを使わずに、水温を下げるようにしましょう。ヒーターなしでも、暖かい室内では水温が高くなりがちなので、冬の間だけ水温が10℃前後になる場所に水槽を移しましょう。

　そして、春になったら暖かい場所に水槽を戻し、季節の変化を金魚に感じさせます。また、日照変化を感じさせるために、窓の近くに水槽を置くようにしましょう。

産卵用水槽と
ふ化用水槽を用意

　屋外での繁殖同様に、産卵用水槽とふ化用水槽を用意しておきましょう。産卵用水槽は、普段飼育している水槽と同じ水温にして、水草などの魚巣を入れておきます。オスがメスを追いかけ回すので、できれば十分に泳ぎ回れる広めの水槽を準備しましょう。

　ふ化用水槽は、産卵用水槽と水温を合わせた水を入れ、エアレーションしておきます。

室内飼育で繁殖する手順

① 水温 20℃になったら、産卵用水槽に入れる

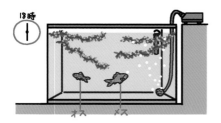

水温が 20℃になったら、オス1匹とメス1匹を産卵用水槽に入れます。時間は夕方18時頃がベスト。

② 産卵したらオスをもとの水槽に戻す

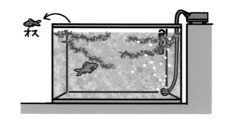

早朝に産卵することが多いので、朝になったら水槽を確認します。メスが産卵して受精すると水が濁るので、そうなっていたらオスをもとの水槽に戻します。

③ 魚巣をふ化用水槽に移動

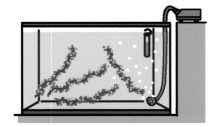

卵がついた魚巣を取り出してエアレーションを入れ、細菌性感染症を防ぐ薬（➡217ページ）を入れたふ化用水槽に移します。

④ 産卵後、メスは別の水槽へ

オスとメスを同じ水槽に戻すと、オスがメスを追いかけ回すことがあります。何度も産卵すると体力を消耗するので、メスはしばらく別の水槽に入れて、休ませてあげると安心です。

Point　水槽に金魚の卵を見つけたら…

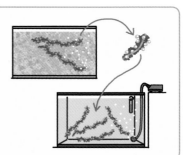

水槽内の環境によっては、金魚が自然に産卵する場合もあります。4月から6月頃に水が急に白く濁っていたら、水槽内を注意して観察してみましょう。水草に透明な卵がついているかもしれません。

そのままにしておくと水質も悪化しますし、卵も金魚に食べられてしまいます。ふ化用水槽をセットして、卵を水草ごと移し、ふ化させて稚魚を育ててみましょう。

卵のふ化と 稚魚の育て方

ふ化用水槽で稚魚の成長を見守ろう

ふ化用水槽に移した卵は、5〜6日ほどでふ化します。ただし、ふ化までの日数は、水温によって多少変わります。水温が一定に保たれるように、直射日光が当たらない場所に水槽を置くようにしましょう。

ふ化したばかりの稚魚は、全長4〜5ミリほどの細く透き通った体で、肉眼では見にくいほどの小ささです。成長に応じてエサをあげて、成長を見守りましょう。

ふ化5日後のサクラテンニョの稚魚。大きさはわずか数ミリ。

稚魚のエサ

ふ化して2、3日後から
ブラインシュリンプをあげる

稚魚はふ化してから2、3日は泳がず、お腹についた卵のうから栄養をとるので、エサも食べません。3日後くらいから泳ぎ出すので、エサやりを始めましょう。

金魚の稚魚にはミジンコがよいのですが、生きたものは入手しにくいものです。そこでおすすめなのが、市販のブラインシュリンプの乾燥卵。ふ化させた幼生を、稚魚に与えましょう。ゆで卵の黄身を稚魚のエサとしてあげることもできますが、水が汚れやすいので注意が必要です。

15日ほどしたら、市販の乾燥飼料に切り替えます。粒が小さい稚魚用のものがおすすめ。これを1日2〜3回あげます。

ブラインシュリンプの乾燥卵。
※ふ化のさせ方は204ページ参照。

稚魚用の粉末飼料。

稚魚成長の様子

1 ふ化直後

透明で、全長は4～5ミリ。じっとしていて、腹部の卵のうから栄養をとっています。

2 2～3日後

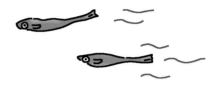

エサを求めて、泳ぎ始めます。このタイミングで、エサを与え始めましょう。

3 数日後

フナのような色の「黒子」になります。

4 約50日後

まだ、品種ごとの違いはわかりにくい姿をしています。

5 2カ月後

生後2カ月後くらいから、次第に色が変わる「退色」（➡ 192ページ）が始まります。赤やオレンジなど、その品種本来の色が現れてきます。尾ビレの形も特徴が出てきます。遅い品種では、退色するのに半年以上かかるものもいます。

稚魚の水槽の水換えの仕方

ふ化したばかりの稚魚はそのまま水槽で飼いますが、10日くらい経ったら水換えをしましょう。水温を合わせて、中和剤を入れた新しい水と入れ替えます。その後も、週に一度くらいのペースで水換えをしましょう。

ブラインシュリンプのふ化のさせ方

ふ化して2、3日後から10〜15日頃の稚魚には、
ブラインシュリンプを与えます。
ふ化するまで一日ほどかかるので、タイミングを見て準備しておきましょう。

用意するもの

☐ **ブラインシュリンプの卵**

☐ **飼育容器**
（ふ化器、プラケース、ペットボトルなど）

☐ **エアポンプ、エアチューブ**

☐ **水温計**

☐ **塩水（2%の濃度）** ※塩はあら塩か人工海水用の塩がおすすめ。

☐ **スポイト**

☐ **こし器またはフィルター**

1 塩水を作り、卵を入れる

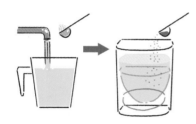

水道水1リットルに食塩20gを混ぜ合わせて、塩分濃度2%の塩水を作る。ふ化器に塩水を入れ、その中に使用する分のブラインシュリンプの卵を入れる。

2 エアポンプをつないで、20〜24時間待つ

ふ化器にエアポンプをつないで、エアレーションを開始。エアポンプは水位より高い位置に設置するか、逆流防止弁をつけないと、水が逆流するおそれがあるので要注意。水温25℃程度だと約20時間でふ化する。

3 卵の殻と幼生を分離する

ブラインシュリンプがふ化したら、卵の殻と幼生を分離する。水面に浮かんでいるオレンジの粒々が卵の殻なので、スポイトで幼生だけを吸い上げる。

4 軽く水洗いしてから与える

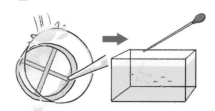

塩分が強いので、スポイトですくったブラインシュリンプをこし器やフィルターに移し、軽く水洗いする。その後、スポイトですくって、水槽に入れて稚魚に与える。

★多めにふ化させて、小さい密封容器に小分けして、冷凍しておくと便利です。

Part **6**

健康管理と
病気の対処法

金魚の健康を守るための
3つのコツ

金魚はわりと丈夫で飼いやすい生き物ですが、
飼育環境が適切でないと、病気にかかりやすくなります。
また急に体調が悪化することがあるので、
日々の健康チェックが大事です。

コツ 1

日々の健康チェックで
体調の悪化を見逃さない

　金魚は自分で体の不調を訴えることができません。毎日、エサをあげるとき、ライトのオンオフをするときなどに、健康状態をチェックしましょう。
　「エサはちゃんと食べている？」「泳ぎ方はヘンじゃない？」「ヒレが欠けたり、鱗が逆立ったりしていない？」など、普段と違うところがないかをよく観察しましょう。

健康チェックのポイント ➡ 208 ページ

エサは食べてる？
泳ぎ方は？
Check

コツ 2

水温や水質の変化を
チェックして飼育環境を整える

　金魚は急激な水温の変化が苦手です。秋から春にかけては、ヒーターを入れて水温が15℃以下にならないように気をつけましょう。また真夏は、水温が25℃を超えないように、エアコンをつけたり、直射日光が当たらないようにしたりしましょう。
　またフンやエサの食べ残しなどで水が汚れると、病気を引き起こす原因に。定期的に水換えして、水槽の大そうじも2、3カ月に1回くらいを目安に行いましょう。

水換えと水槽そうじのやり方 ➡ 180 ページ

水槽の中の水をきれいに保ち、適温で飼育することが大切です。

コツ

コツ 3

体調に異変があったら、適切に対処してあげて

金魚は病気になっても、イヌやネコのように獣医さんに連れていって、治療を受けることはできません。飼い主さんがおうちでケアしてあげましょう。

病気に気づいたら、複数の金魚を一つの水槽で飼っている場合は別の水槽に移し、病気がうつらないようにします。そして、まず水換えをして、そのあと「薬浴」をさせましょう。

薬浴の方法 ➡ 216 ページ

薬浴をさせよう！

金魚の病気を予防するには、ここに注意！

☐ 病原菌を持ち込まない

新しい金魚を迎えるときは、トリートメントをしている個体を選ぶようにしましょう。病原菌や寄生虫を持っている金魚を水槽に入れないことが大切です。

☐ エサのあげすぎに注意

エサの食べ残しは、水質を悪化させます。また、食べすぎは消化不良を起こし、金魚の体調悪化の原因になります。「ちょっと少ないくらい」の量のエサをあげるようにしましょう。

☐ ストレスを与えない

ストレスによって、抵抗力が弱まり、病気になることもあります。水温の急激な変化などの環境面のストレスはもちろんですが、飼い主さんがかまいすぎることもストレスになります。水槽のガラスをコツコツ手でたたいたり、金魚を追い回したりすることはやめましょう。

元気か～？

不調に気づくために、毎日の健康チェックを

お世話の流れで、健康チェックを習慣に

　毎日、金魚にエサをあげるときなど時間を決めて、健康チェックをしましょう。元気に泳いでいるか、食欲があるかなどの行動のチェック、そして体の各部位に変わったところがないかもチェックしましょう。

　チェックした項目は、220 〜 222ページにある「健康手帳」のシートにこまめに記録して、保存しておくのがおすすめです。

　またふだんと違う様子が見られたら、まずは水換えをして、そのあとに薬浴など家でできる治療をしてあげましょう。

泳ぎ方がおかしくないかなど、しっかりチェックを。

チェック Point

健康チェックの ポイント

行動をチェック

- ☐ エサを食べようとしない
- ☐ 鼻上げをしている。呼吸が荒い
- ☐ エラぶたを開け気味にしている
- ☐ 底のほうに沈んだまま、じっとしている
- ☐ 泳ぎ方がおかしい
- ☐ お腹を上にしている
- ☐ 水底や水草に体をこすりつけている
- ☐ 水面に浮いている

体の各部位をチェック

金魚の体の各部位に異変がないかを、しっかり確認しましょう。

 体全体
- ☐ 体色が色あせていないか
- ☐ 白い膜をかぶったようになっていないか
- ☐ 白い点、赤い点はないか
- ☐ 点のような出血や充血はないか
- ☐ 体に穴が開いていないか
- ☐ 鱗が逆立っていないか
- ☐ お腹が膨れるなど、体形が変化していないか

ヒレ
- ☐ 充血や白い点はないか
- ☐ 白っぽく濁ったり、切れたりしていないか

口
- ☐ 白く濁ったり、ただれたりしていないか
- ☐ 血がにじんだようになっていないか

目
- ☐ 眼球が飛び出していないか
- ☐ 目が濁ったり、目の中に気泡があったりしないか

エラ
- ☐ エラぶたが膨らんだり、欠けたりしていないか

肛門
- ☐ 充血していないか
- ☐ 出血していないか
- ☐ フンが切れ気味ではないか
- ☐ フンが白く細長くないか

出目金など、目が突出している品種は、傷などがついていないかよく見てあげましょう。

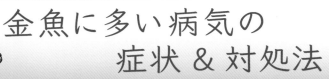

金魚に多い病気の 症状 & 対処法

症状から考えられる病気をチェック

金魚がかかる可能性のある病気は、いろいろあります。見られる症状から、どんな病気の可能性があるかは、ある程度推測できます。

表を参考にして、異変があったら専門店やペットショップなど、金魚を購入した店のスタッフなどに相談してみるといいでしょう。

症　状	疑われる病気
体表やヒレに白い点がつく	白点病 ➡ 211ページ
	エピスチリス ➡ 211ページ
体表やヒレのつけ根に赤い点が出る	ウオジラミ症 ➡ 212ページ
体表に充血や腫れがある	イカリムシ症 ➡ 212ページ
	穴あき病 ➡ 213ページ
各ヒレが溶けたようになる	尾ぐされ病 ➡ 213ページ
鱗がはがれてくる	穴あき病 ➡ 213ページ
鱗が浮き上がる	松かさ病 ➡ 214ページ
白い綿がついたようになる	水カビ病 ➡ 214ページ
お腹を上にして、ひっくり返ってしまう	転覆病 ➡ 215ページ
体を水槽や水草にこすりつける	白点病、ウオジラミ症、イカリムシ症など

寄生虫が原因で起こる病気

金魚の病気にはいくつかの原因がありますが、寄生虫によるものは多く見られます。ウオジラミ、イカリムシ、白点病の原因である白点虫などが代表的な寄生虫です。

こうした寄生虫が金魚の体につくのは普通に見られることで、すぐに体調が悪化するわけではありません。しかし、そのままにしておくと衰弱してしまいます。なるべく早く駆除するようにしましょう。なお、金魚を入手するときは、寄生虫などを駆除するトリートメントをお店でしておいてもらうと安心です。

白点病
はくてんびょう

症状

金魚に多く見られる病気で、白点虫の寄生が原因で発症します。体の表面やヒレに、白い点がポツポツ出てきます。はじめは少なく、次第に全身に広がり、体を水槽や水草などにこすりつけたりするようになります。悪化すると、体全体が白い膜に覆われたように見えます。

エサを食べなくなり、そのまま衰弱死することもあります。

治療と予防

白い点が出てきたら、まず水換えをしてほかの金魚と分け、市販の治療薬で薬浴をさせましょう。

春や梅雨時、秋の水温が下がる時期に発生しやすくなります。水温が25℃以上あるような夏場には、ほとんど見られません。この時期は特に水質の悪化に注意して、水換えをしましょう。なお金魚を購入する際には、体に白い斑点がないかをよく見て、病気にかかっていないか確認するようにしましょう。

白い点が体全体に広がってしまっている。

エピスチリス（ツリガネムシ病）
えびすちりす

症状

原生動物の一種のツリガネムシが、金魚の体表やヒレに寄生することで発症します。最初は体表に小さな白い点や綿のようなものがつきます。やがて、鱗がはがれ落ちてきてしまいます。

治療と予防

ツリガネムシが脱落した跡の傷に細菌が入り込んで二次感染する恐れがあるので、薬浴を行いましょう。

小さい白い点や綿のようなものがついていないかチェックして。

ウオジラミ症
_{うおじらみしょう}

症 状

ウオジラミ（チョウ）と呼ばれる甲殻類の仲間が金魚の体にはりついて体液や血液を吸い、皮膚に炎症を起こします。体表やヒレのつけ根に赤い点が出たり、鱗が落ちてしまったりして、悪化すると死んでしまいます。

治療と予防

多くの場合は、ほかの魚や水草についていたものがうつることで発症します。ウオジラミは扁平な円形をしていて、2〜3ミリほどの大きさなので、肉眼でも確認できます。見つけたら薬浴させるか、ピンセットで取り除きます。

ウオジラミが発生した水槽はよく水洗いして、天日干しで乾燥させてから使うようにしましょう。

ウオジラミがついた部分が、白くなっている。

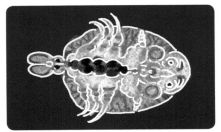

円盤型をしていて、成虫になると5ミリほどの大きさになる。

イカリムシ症
_{いかりむししょう}

症 状

イカリムシは細長い糸状の甲殻類の一種で、金魚の鱗や皮膚に頭部を差し込んで寄生します。そして、体液を吸って金魚を弱らせます。虫がついた部分は充血や腫れ、出血を起こして、悪化すると死に至ります。

治療と予防

水槽や水底に体をこすりつけたりしていたら、寄生虫がついていないか確認しましょう。成虫になると体長10ミリくらいになるので目立ちますが、小さなうちは気づかないことも多いです。

ピンセットで引き抜けますが、イカリムシの頭部が切れて金魚に残ってしまわないように、注意が必要です。また金魚の体を傷つけないように、慎重に行いましょう。水換えや薬浴も効果的です。

目の部分についているのが、イカリムシ。細長い形をしている。

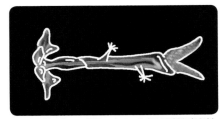

5〜8ミリくらいの細長い虫で、金魚に頭部を突き刺すようにして寄生する。

カビ・細菌類が原因で起こる病気

カビや細菌の感染による病気も、金魚によく見られます。少しでも感染している兆候が見られたら、薬浴などでできるだけ早く治療しましょう。

まずは水換えをしてから病気の初期段階に治療を始めれば、金魚の受けるダメージは少なくてすみ、その後も飼育が続けられます。

おぐされびょう
尾ぐされ病

症状

カラムナリス菌という細菌が原因で、おもに尾ビレに症状が出る感染症です。尾ビレの先が白っぽくなったり、充血したりします。そして、次第に切れたり、破れたようにボロボロになったりしていきます。

治療と予防

水が古くなると発症しやすいので、水換えを定期的に行いましょう。治療には薬浴を行います。ほかの魚には感染しませんが、発症した金魚は水槽を別にして薬浴をさせましょう。初期段階であればヒレは再生可能ですが、付け根まで進行してしまうと再生は難しくなります。

早期発見、早期治療を心がけましょう。

症状が進んでしまうと、尾ビレが溶けたようになってしまう。

あなあきびょう
穴あき病

症状

エロモナスやサルシニダという病原菌によるもので、外傷や寄生虫から感染します。初期段階では鱗や体表に白い点や充血が見られ、悪化すると出血してきます。

だんだん鱗がはがれてきて、ひどくなると潰瘍のために皮膚に穴が開いてしまいます。

治療と予防

まずは水換えをしてから薬浴で治療します。春先や秋など、比較的水温が低い時期に発症しやすいとされています。水の汚れに注意し、水温を20℃以上に保つことで予防できます。

症状が進むと、皮膚に穴が開いて筋肉が露出する。

松かさ病
まつかさびょう

症状

　鱗がささくれだって逆立ち、めくれて松かさのようになる病気。エロモナス菌による感染症という説が一般的です。

　鱗のつけ根のほうに分泌液がたまるため、鱗の一つひとつが膨れてしまいます。上から見ると、金魚が太ったように見えます。

　悪化すると体表が充血したり、腹部に水がたまったりして元気がなくなり、衰弱して死に至ることもあります。

治療と予防

　感染力はあまり強くありませんが、発症した金魚は水槽を別にして薬浴をさせて、飼育水槽も水換えをしましょう。治るまで時間がかかるので、根気強い治療が必要になります。水が汚れたり古くなったりすると発症しやすいので、予防のために水換えは定期的に行いましょう。

上から見ると、鱗が逆立っているのがわかる。

水カビ病
みずかびびょう

症状

　体表やヒレに水カビが発生することで発症します。サポロレグニアやアクリアといった水生菌類が傷口などから入り、繁殖するのが原因です。

　感染した部分は、白い綿がついたように見えます。悪化すると全身がカビに覆われ、衰弱します。

治療と予防

　ピンセットでカビを取り除いてから、薬浴で治療します。

　外傷から水カビが発生するので、体表やエラを傷つけないように金魚を扱いましょう。水換えや金魚を移動させるときは、要注意です。夏よりも、水温の低い春や秋などに多く発生するので、水温管理をしっかりすることで予防できます。

カビを取り除くときは、金魚の体を傷つけないように注意。

214

その他の原因で起こる病気

てんぷくびょう
転覆病

症 状

金魚がお腹を上にして、逆さまになってしまう転覆病は、琉金などの丸手の金魚によく見られます。エサのあげすぎによる消化不良や、浮き袋の異常が原因です。エサを食べるときはもとに戻って食べられますが、少しずつ悪化して衰弱していきます。

治療と予防

症状が見られたらエサを控え、水温を少し上げてみましょう。初期症状では、水温を28〜30℃くらいに高めにした塩水浴が効くことがあります。

丸手の金魚を選ぶときは、泳ぎ方がスムーズな個体を選ぶことが大事です。前かがみになって泳いでいるのは、転覆病の兆しなので避けるようにしましょう。エサは最初から少なめにして、冬は水温が下がりすぎないようにヒーターで温めるようにしましょう。

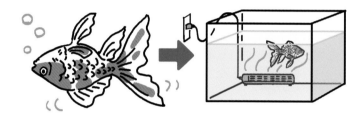

 ここに 注意

きれいな水を保つために 気をつけたいこと

金魚の病気の多くは、飼育水をきれいに保つことで予防できます。また病気の初期段階では、水換えすることで症状が軽くなったり、回復に向かったりすることもあります。そこで気をつけたいのが、水槽の水を無意識に汚さないようにすること。

注意したいことを紹介します。

水槽の中に薬剤などが入らないように、十分気をつけましょう。

☐ 化粧品やクリームなどが ついた手を水槽に入れない

ハンドクリームや化粧品がついた手を水槽に入れると、その成分が溶け込み、金魚が体調を崩す原因になることがあります。お世話をする前には、手を洗いましょう。

☐ 防虫や消臭などの スプレーに注意

虫除けのスプレーや消臭スプレーなどは、水槽の近くで使わないように注意しましょう。フタをしていても、隙間などから水槽内に入ってしまう危険があります。

不調になったら、水換えと薬浴でケア

病気に適した薬での薬浴が効果的

210〜215ページで紹介してきたように、金魚の病気の多くは、寄生虫か、細菌性の感染症によるものです。ほかの金魚にうつる可能性の高い病気が多いので、複数匹を一つの水槽で飼っている場合は、病気の魚はすぐに水槽を別にしましょう。

病気の治療には、薬を入れたトリートメント水槽で飼う「薬浴」が効果的です。どんな薬を使えばいいかは、金魚を買ったショップなどに相談してみましょう。

金魚が元気になるように、おうちでできるケアをしっかりしてあげましょう。

金魚が病気になったときの対処法

1 病気に気づいたら、水槽を分ける

病気の金魚は、別の水槽に入れます。ほかの金魚の様子もよく観察して、病気の兆候がないかをチェック。

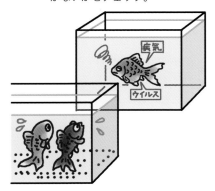

2 初期段階は水換えして様子を見る

様子が少しおかしいなと思ったら、まずは水換えをしましょう。水を換えることで症状が落ち着くこともあります。

3 病気の症状がはっきり見られたら、薬浴で治療

症状がはっきりと出てきたら、市販の治療薬を溶かした水に金魚を入れる「薬浴」で治療しましょう。

4 水槽は大そうじして、セッティングし直す

病気の金魚がいた水槽は、中に入れていたものをすべて出して、しっかり洗ってから乾燥させます。その後、水槽をセットし直しましょう。

薬浴の手順

1 飼育水槽と水温を合わせて、水を入れる

飼育水槽とは別に、薬浴用の水槽を準備します。プラケースやバケツでもOK。活性炭などに薬剤成分を吸着してしまうのでろ過装置はつけず、エアレーションで酸素を供給します。

2 規定量の薬を入れる

病気の症状に合った薬を、説明書に従って既定の量入れます。

3 金魚を入れる

薬浴用の水槽に金魚を入れます。薬浴の期間は薬によって異なります（2日〜1週間ほど）。1週間くらい経ったら、水換えをして新たに薬浴させましょう。この期間はエサを与えないようにします。

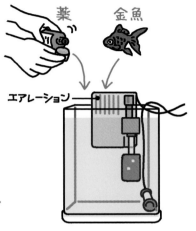

薬　金魚

エアレーション

Point ## 薬浴に使う薬

治療薬にはいろいろな種類があり、効能が異なります。症状をよく観察して、適切な薬を選びましょう。

尾ぐされ病などの細菌性感染症に使われるグリーンFゴールド（左）。
白点病、水かび病、尾ぐされ病などに使われるグリーンFリキッド（右）。

塩水浴も体を休めるのにいい

0.5%の塩水

体、休まる〜

外部水と体液の塩分濃度差から、金魚の体には水が入ってきており、絶えず水を体の外に出しています。0.5%の塩水は、金魚の体液の塩分濃度に近いため、体に入ってくる水の量が少なくなります。そのため、水を体外に戻すエネルギーを節約できて、体を休めることができます。

塩水浴をするときは、0.5%（水1リットルに対して塩5g）の塩水を作り、小さめの水槽に入れて、そこで金魚を数日間過ごさせます。エアレーションは夏は少ししたほうがいいでしょう。

最後まで大切に 金魚のお世話をしよう

金魚の寿命は10年前後

　個体差はありますが、金魚の寿命は10年前後です。すべての金魚が10年近く生きられるわけではありませんが、丈夫な個体に出会い、きちんと飼育環境を整えて飼っていれば、長生きしてくれるかもしれません。

　見た目があまり変わらなくても、5歳を超えると金魚も老魚になり始め、行動に変化が出てきます。

見た目には大きな変化はないけれど、高齢の金魚には健康状態に合ったケアが必要です。

●高齢化した金魚の特徴●

体色が鈍くなる
若い頃は鮮やかだった体色が、だんだん鈍くなってきます。

あまり食べなくなる
エサを食べる量も減ってきます。

動かずにじっとしていることが多い
5歳くらいになると徐々に動きが少なくなり、水底にじっとしていることも多くなってきます。

年をとった金魚にはこんなケアを

☐ ヒーターを入れて、暖かく

どんな年代でも金魚は水温の急激な変化が苦手です。特に老魚は、温度差が体調を崩す原因になります。水槽には、冬は暖かくなるようにヒーターを入れてあげて。

☐ 水の流れはゆっくり目に

水流が苦手になってくる個体もいるので、ろ過装置が作り出す水の流れを、なるべくゆっくりめにしてあげましょう。水換えのときには、少し薬（グリーンゴールドなど ➡ 217ページ）を入れると病気の予防に繋がります。

☐ エサは少しでOK

食べる量が減ってくるので、あげる量も少なめにしていきましょう。食べ残しがあると水槽の水が汚れるので、エサの量には注意が必要です。

金魚とのお別れの方法

かわいがっていた金魚とも、いつかはお別れの日がやってきます。金魚が死んでしまったら、そのまま水槽に入れておくとほかの金魚に悪影響を及ぼしてしまうので、すぐに外に出しましょう。

亡くなった金魚とは、心をこめてお別れしましょう。庭があるおうちなら、そこにお墓を作るのもいいでしょう。また、鉢やプランターなどに土を入れて、埋めてあげる方法もあります。川や池などに流すことはやめましょう。

金魚の「健康手帳」で健康管理を

毎日記録することで、病気の早期発見につながる

金魚は自分から体の不調を飼い主さんに伝えることができません。毎日、エサやりなどのお世話をする際に、健康チェック（➡208ページ）を行い、変わったところがないかを確認するようにしましょう。

エサはよく食べているか、泳ぎ方に普段と変わったところはないか、お腹を上にしたり、水面に浮いていたりしないかなど、気になることがあったら、記録しておきましょう。

決まったフォーマットで記録しておくと、体調の変化がさらによくわかるようになります。次のページに体調記録のシートを掲載しているので、コピーして活用してください。

季節によっての水温の変化、飼育環境の見直しも必要

金魚が体調を崩す大きな理由の一つが、水温の急激な変化です。特に冬から春、秋から冬など、一日の気温差が大きくなる季節は、水温のチェックもしっかりしましょう。

また金魚が成長してきて、もともとの水槽が手狭になってくると、水が汚れやすくなったりすることも。複数の金魚を一つの水槽で飼っている場合は、ほかの金魚から攻撃されたり、弱ったりしている金魚がいないかもチェックしましょう。

写真や動画を撮っておくと変化がよりわかりやすくなる

金魚の病気は不適切な飼育環境やエサが引き金になることが多いものです。普段金魚が生活している水槽の様子や、どんなエサを食べているかを写真で撮っておきましょう。泳ぎ方などは、動画で撮っておくと、変化があったときに気づきやすくなります。

万が一、変わった様子が見られたときは、金魚を入手した専門店やペットショップなどに相談してみましょう。おすすめの対処法や薬などを教えてもらって、おうちでできるケアをしてあげましょう。

毎日観察することで、異変に早く気づいてね〜！

※コピーして使いましょう。

今日の 体調記録

	年　　月　　日　　曜日	天気	水温 (℃)	気温 (℃)	

エサの内容	（ 　　　　　　　　　　　　　　　　　　　　　　　　　　　　）

食欲	旺盛　　普通　　あまりない　　まったくない 気になること（ 　　　　　　　　　　　　　　　　　　　）

泳ぎ方	元気に泳いでいる・じっとして動かないことが多い・ 落ち着きなく激しく泳いでいる 気になること（ 　　　　　　　　　　　　　　　　　　）

体のチェック	☐ 体色 （ 　　　　　　　　　　　　　　　　　　　） ☐ 鱗　 （ 　　　　　　　　　　　　　　　　　　　） ☐ 目　 （ 　　　　　　　　　　　　　　　　　　　） ☐ 口　 （ 　　　　　　　　　　　　　　　　　　　） ☐ エラ （ 　　　　　　　　　　　　　　　　　　　） ☐ ヒレ （ 　　　　　　　　　　　　　　　　　　　） ☐ 肛門 （ 　　　　　　　　　　　　　　　　　　　）

その他気がついたこと

水換え、大そうじの記録

　水換えは月に1〜2回、大そうじは2〜3カ月に1度くらいを目安に行いましょう。いつどのくらいの量の水を換えたかなどを記録しておくと、次に水換えするタイミングの目安にもなりますし、水質の悪化を未然に防ぐことができます。

● 水換えの記録

行った日	年　　　　月　　　　日

どれくらいの量を入れ換えた？

※水槽全体の半分、2/3などの目安を記録

その他気づいたこと

行った日	年　　　　月　　　　日

どれくらいの量を入れ換えた？

※水槽全体の半分、2/3などの目安を記録

その他気づいたこと

● 水槽の大そうじの記録

行った日	年　　　　月　　　　日

汚れが気になったところ

その他気づいたこと

行った日	年　　　　月　　　　日

汚れが気になったところ

その他気づいたこと

金魚の購入先メモ

　金魚を入手した日、お店の名前や連絡先を記録しておきましょう。
　困ったことがあったり、グッズの買い替えをしたりするときなどに、活用できます。

金魚を購入した日	年　　　　月　　　　日
金魚の品種名	
金魚の購入店	
住所	
電話番号	
メールアドレス	

飼育グッズ協力

コトブキ工芸（寿工芸株式会社）
1955年創業の老舗水槽メーカー。水槽を中心
とした観賞魚用品を幅広く製造販売している。

http://www.kotobuki-kogei.co.jp
Tel：0743-66-2777（お客様相談窓口）

STAFF

- 構成　　　鈴木麻子（GARDEN）／山崎陽子
- 写真　　　中村宣一
- イラスト　千原櫻子／エダりつこ（Palmy-studio）
- デザイン　清水良子　馬場紅子（R-coco）

監修者紹介

勝田正志
（かつた　まさし）

「喜沢熱帯魚」オーナー。小学生の頃、ランチュウを飼う叔父の影響で金魚に熱中。ランチュウの飼育と繁殖を行い、以後、さまざまな品種の金魚を飼育してきた。1968年創業の「喜沢熱帯魚」（埼玉県戸田市）では、金魚、国産グッピー、小鳥などを扱う。金魚に対するこだわりは強く、店内では色や姿かたちを吟味した金魚たちに会うことができる。

● 本書に掲載する情報は2024年5月現在のものです。
● 本書掲載の商品等は、仕様が変更になったり、販売を終了する可能性があります。

いちばんよくわかる! 金魚の飼い方・暮らし方

監　修	勝田正志
発行者	深見公子
発行所	成美堂出版

　　　　〒162-8445　東京都新宿区新小川町1-7
　　　　電話(03)5206-8151　FAX(03)5206-8159

印　刷	広研印刷株式会社